Sind Umweltkrisen Krisen der Natur oder der Kultur?

Bernd Herrmann

Herausgeber

Sind Umweltkrisen Krisen der Natur oder der Kultur?

 Springer Spektrum

Herausgeber

Bernd Herrmann
Johann-Friedrich-Blumenbach-Institut für Zoologie
und Anthropologie, Abteilung Historische
Anthropologie und Humanökologie
Universität Göttingen
Göttingen, Deutschland

ISBN 978-3-662-48138-7   ISBN 978-3-662-48139-4 (eBook)
DOI 10.1007/978-3-662-48139-4

Die Deutsche Nationalbibliothek verzeichnet diese Publikation in der Deutschen Nationalbibliografie;
detaillierte bibliografische Daten sind im Internet über http://dnb.d-nb.de abrufbar.

Springer Spektrum

Gedruckt auf säurefreiem und chlorfrei gebleichtem Papier.

Springer-Verlag GmbH Berlin Heidelberg ist Teil der Fachverlagsgruppe Springer Science+Business
Media
(www.springer.com)

Grußwort des Vizepräsidenten der Nationalen Akademie der Wissenschaften Leopoldina, Prof. Dr. Gunnar Berg

Zum LEOPOLDINA-Workshop „Sind Umweltkrisen Krisen der Natur oder der Kultur?" in der Leopoldina-Reihe „Menschenbilder in den Wissenschaften" am 11. November 2014, Alte Aula der Universität Heidelberg

Magnifizenz, lieber Herr Kollege Eitel!
Lieber Herr Kollege Herrmann!
Liebe Mitglieder der Leopoldina!
Meine sehr verehrten Damen, meine Herren!

Im Namen des Präsidiums der Leopoldina, insbesondere natürlich im Namen unseres Präsidenten Jörg Hacker, begrüße ich Sie sehr herzlich zu diesem Workshop der Leopoldina. Selbstverständlich begrüße ich alle Referenten, die zugesagt haben, hier mitzuwirken, wofür ich mich schon im Voraus bedanke.

Die Reihe „Menschenbilder in den Wissenschaften", von der der heutige Workshop ein Baustein ist, wurde von Herrn Kollege Herrmann angeregt und in Zusammenarbeit mit jeweiligen Partnern auch organisiert. Im Namen des Präsidiums der Leopoldina danke ich Ihnen, lieber Herr Kollege Herrmann, sehr herzlich für diese Initiative und für die mit der Gesamtorganisation verbundene Mühe.

Die erste Veranstaltung dieser Reihe zu dem Thema „Das ökonomische Menschenbild" fand im Mai dieses Jahres am Wissenschaftskolleg zu Berlin statt und die Details wurden von Herrn Kollege Kirchgässner aus St. Gallen vorbereitet. Dieses Mal geht es gemeinsam mit der Universität Heidelberg um die Frage, „Sind Umweltkrisen Krisen der Natur oder der Kultur?" Und wir sind sehr gespannt, welche Antworten uns die Referenten geben werden. Die Reihe wird fortgesetzt werden: Frau Kollegin Maria Teschler-Nicola aus Wien und Herr Kollege Winfried Henke aus Mainz sind dabei, den nächsten Workshop vorzubereiten.

Dieses Mal hat Herr Kollege Herrmann auch die Detailorganisation übernommen, wofür ich ebenfalls sehr danke, aber ebenso danke ich der Universität Heidelberg und ihrem Rektor, Ihnen, Magnifizenz Eitel, für die Unterstützung, besonders aber für die Gastfreundschaft. Und nicht zuletzt danke ich all den „guten Geistern", die die hier in Heidelberg, besonders aber in der Geschäftsstelle in Halle für die gute Vorbereitung und Organisation gesorgt haben. Von Letzterer will ich Frau Dr. Westermann und Frau Döhla namentlich nennen, haben sie doch die Hauptlast der Vorbereitung getragen; beide sind heute mit angereist und werden auch hier dazu beitragen, dass am heutigen Tag alles gut und reibungslos läuft.

Meine Damen und Herren, erlauben Sie mir bitte noch einige Sätze zur Leopoldina: *Deutsche Akademie der Naturforscher Leopoldina – Nationale Akademie der Wissenschaften*, wie der korrekte und vollständige Name lautet. Im Jahre 1652 von vier Medizinern in der Freien Reichsstadt Schweinfurt gegründet, war es das Ziel, Mitglieder zu gewinnen, die bereit waren, an der Erarbeitung einer „Enzyklopädie sämtlicher Heilmittel" mitzuwirken. Das heißt, jedes Mitglied wurde aufgefordert, jährlich zwei Monografien – in „jedem Semester eine", wie es wörtlich in den *leges*, in den Gesetzen der Akademie, hieß – abzuliefern, in der ein Objekt aus dem Tier-, dem Pflanzen- oder dem Mineralreich möglichst vollständig beschrieben war, das für die Medizin der damaligen Zeit Bedeutung hatte. Die Akademie war also, wie wir heute sagen würden, als Arbeitsakademie gegründet worden. Das hatte auch zur Folge, dass mancher Wissenschaftler, der als Mitglied vorgeschlagen worden war, absagte, da er meinte, nicht die Zeit aufbringen zu können, um die Verpflichtung zur Publikation wie gewünscht zu erfüllen. Allerdings muss man rückblickend feststellen, dass auch diejenigen, die sich ans Schreiben machten, wesentlich länger als ein Semester für eine Monografie benötigten; erst neun Jahre nach der Gründung, nämlich im Jahr 1661, erschien die erste Monografie über den Weinstock und auch weitere folgten sehr zögerlich. So wurde 1670 eine Zeitschrift gegründet, die heute noch, wenn auch unter verändertem Namen, nämlich als *Nova Acta Leopoldina*, existiert und in der die Mitglieder, aber auch Nicht-Mitglieder, kürzere Abhandlungen publizieren konnten. Auf diese Weise wurden das verzögerte Erscheinen der Monografien sowie die Tatsache kompensiert, dass die angestrebte Enzyklopädie bei Weitem nicht im geplanten Umfang erscheinen konnte und niemals abgeschlossen wurde.

Wenn auch in Franken gegründet, so war doch der Anspruch von Anfang an, Mitglieder aus dem gesamten Reich zu gewinnen. Man strebte deshalb auch nach Anerkennung beim Hof in Wien, weshalb die ersten Zeitschriftenbände auch dem Kaiser gewidmet wurden. Und 1677, 25 Jahre nach der Gründung, und dann nochmals 1687 war es so weit: Kaiser Leopold I. privilegierte die Akademie und verlieh ihr den Namen;

» Sacri romani imperii Academia caesareo-leopoldina Naturae Curiosorum,

des Heiligen Römischen Reiches kaiserlich-leopoldinische Akademie der Naturforscher, in Kurzform seitdem Leopoldina genannt, eben nach dem Schirmherrn, dem kunst- und wissenschaftsliebenden Leopold I.

Damit war das reichsweite Wirken auch offiziell anerkannt. Man strebte darüber hinaus sehr bald danach, Mitglieder aus nicht deutschsprachigen Ländern zu gewinnen, was auch realisiert wurde – und das ist bis heute so: Die Leopoldina ist eine deutsche Akademie mit internationaler Mitgliedschaft. Heute kommen von den etwa 1500 Mitgliedern circa ein Viertel aus etwa dreißig nicht-deutschsprachigen Ländern, von Nordamerika über Russland bis China und Japan.

Die Leopoldina war also als Arbeitsakademie gegründet worden, doch zwischenzeitlich, ab etwa der Mitte des 18. Jahrhunderts, war sie im Wesentlichen eine reine Gelehrtensozietät und es war eine Ehre, zum Mitglied gewählt worden zu sein. Die Lösung wissenschaftlicher Aufgaben im Rahmen und im Auftrag der Akademie wurde nicht mehr erwartet. Das änderte sich, als in den 1990er-Jahren in Deutschland die Diskussion über eine Nationale Akademie begann. Hier war es von Vorteil, dass die Leopoldina gleich nach der Wiedervereinigung begonnen hatte, ihr Themenspektrum zu erweitern, da nun die Möglichkeit gekommen zu sein schien, die traditionell in der Akademie vertretenen Naturwissenschaften und die Medizin durch Ökonomie, Psychologie, Rechts-, Sozial- und Verhaltenswissenschaften sowie das große Themenspektrum der Kulturwissenschaften zu erweitern. Damit konnte z. B. auch den Ethikern in der Akademie eine Heimstatt geboten werden, ohne die heute auch naturwissenschaftliche und medizinische Themen nicht mehr ernsthaft diskutiert werden können. Vor wenigen Tagen hat diese Klasse mit viel Resonanz in Halle ein wissenschaftliches Symposium mit dem Titel „Was ist Theorie?" durchgeführt, in dem sich Vertreter der genannten Wissenschaftsdisziplinen über die Grundlagen ihres Wissenschaftsverständnisses ausgetauscht haben.

Nach langwierigen Diskussionen in der deutschen Wissenschaftslandschaft, bei denen die verschiedensten Modelle vorgeschlagen und wieder verworfen worden waren, war es dann im Jahre 2008 so weit: Die Leopoldina wurde nach einstimmigem Beschluss in der Gemeinsamen Wissenschaftskonferenz von Bund und Ländern zur *Nationalen Akademie der Wissenschaften* erhoben.

In dieser Funktion übernahm sie als eine zusätzliche Aufgabe die Erarbeitung von wissenschaftsbasierten Stellungnahmen und Positionspapieren für Politik und Öffentlichkeit zu Themen, die für die Entwicklung der Gesellschaft Bedeutung haben. Wichtig ist es für uns in diesem Zusammenhang, dass der Großteil der auf diese Weise bearbeiteten Themen aus unserer Mitgliedschaft kommt, nicht etwa Auftragsarbeit ist oder von der Politik vorgeschrieben wird. Die Themen werden von Arbeitsgruppen erarbeitet, die unabhängig von speziellen Interessengruppen sind, sodass wir mit Recht davon ausgehen können, dass die Schlussfolgerungen nach bestem Wissen und Gewissen auf wissenschaftlicher Analyse beruhen und nicht irgendwelche Einzelinteressen bedienen.

Eine weitere Zusatzaufgabe ist die Vertretung deutscher Wissenschaftler in internationalen Gremien, in denen wissenschaftliche Akademien zusammenarbeiten. Als Beispiele nenne ich nur die Mitgliedschaft in EASAC, dem European Academies of Sciences Advisory Council, in dem alle Nationalen Akademien der EU-Staaten vertreten sind, sowie die Vertretung in dem Akademien-Konsortium der Staaten, die die jährlichen Gx-Gipfeltreffen durchführen und in dem die wissenschaftlichen Papiere vorbereitet werden, die dann auf dem Gipfeltreffen behandelt werden sollen. Da im Jahr 2015 das Gipfeltreffen in Deutschland durchgeführt werden wird, übernimmt in diesem Fall die Leopoldina die Federführung.

Meine Damen und Herren, nach diesem Einblick in die Geschichte und die Tätigkeit der Leopoldina, der Ihnen auch zeigen sollte, dass unser Spektrum weit über Medizin und Naturwissenschaften hinausgeht, komme ich noch kurz auf unsere heutige Veranstaltung zu sprechen, bei der auch naturwissenschaftliche und geisteswissenschaftliche Fragestellungen miteinander verbunden sind. Umweltkrisen als Krisen von Natur und Kultur, jetzt ohne Fragezeichen, betreffen gleichermaßen unsere natürliche Umwelt wie unsere kulturelle Basis. Selbstverständlich handelt es sich um „Krisen" im eigentlichen Sinn des Wortes, um ein „Gefährdetsein", um eine „entscheidende Wendung", um auf den griechischen Wortursprung zurückzukommen, immer nur aus Sicht des Menschen. Für die Natur ist es ein nach Naturgesetzen ablaufender Vorgang, der die Natur an sich nicht gefährdet, der „nur" die Lebensumstände gewisser Spezies gefährden kann, dafür in der Regel aber Möglichkeiten für neue eröffnet. Davon abgesehen besteht die unbelebte Natur als Natur selbstverständlich weiter, wenn auch nach einer „Katastrophe" gewandelt, doch Wandel ist nun einmal der Natur immanent, wie nicht nur Heraklit metaphorisch ausgedrückt hat.

Aber natürlich ist es legitim, solche Veränderungen aus Sicht unserer Spezies zu sehen, sich auch darüber Gedanken zu machen, in welcher Weise wir selbst solche Wandlungen verursachen und inwieweit diese sich dann auf unsere Lebensbedingungen auswirken. Wenn auch der Klimawandel z. B. die Lebensbedingungen für gewisse Spezies verbessert, so sehen wir uns doch aufgefordert, dafür zu sorgen, dass für den Menschen und seine Nachkommen die Folgen erträglich bleiben. So sieht es auch die Leopoldina als eine ihrer Aufgaben an, sich mit solchen Fragen zu beschäftigen und das nicht nur im Rahmen solch eines Workshops wie heute hier, sondern auch längerfristig und systematisch, weswegen das Präsidium eine wissenschaftliche Kommission „Umweltwissenschaften" unter der Leitung unseres Mitglieds Detlev Drenckhahn gegründet hat, die sich zukünftig zu verschiedenen Aspekten der Umweltveränderungen äußern wird, unabhängig davon, ob wir sie als „Krisen" oder als allmähliche, aber nichtsdestoweniger als für uns bedrohliche Veränderungen unserer Lebensumstände empfinden. Ich bin mir sicher, dass wir in absehbarer Zeit von Ergebnissen dieser Kommission hören werden und bin gespannt, wie damit umgegangen werden wird. Sicher werden Ergebnisse auch in öffentlichen Veranstaltungen wie dieser hier diskutiert werden.

Meine sehr verehrten Damen, meine Herren, da wir alle schon sehr gespannt sind, was uns an Vorträgen erwartet, will ich nur noch einmal allen Beteiligten sehr herzlich für ihren Einsatz danken; Ihnen, Magnifizenz Eitel, für Ihr Engagement für diesen Workshop, besonders aber dafür, dass wir diesen hier in dieser feierlichen Atmosphäre Ihrer beeindruckenden, altehrwürdigen Aula durchführen können.

Ich erwarte einen interessanten und anregenden Nachmittag und Abend und wünsche allen Teilnehmern lehrreiche und nachdenkenswerte Vorträge und Diskussionen zu diesem bedeutungsvollen Thema der „Umweltkrisen".

Grußwort Prof. Dr. Bernhard Eitel

Liebe Kolleginnen und Kollegen,
liebe Mitglieder der Leopoldina,
liebe Leserinnen und Leser,

ich freue mich, dass die Universität Heidelberg Gastgeber des Workshops „Sind Umweltkrisen Krisen der Natur oder der Kultur?" sein durfte. Der Workshop widmete sich einem typischen Querschnittsthema, zu dem Natur- und Geisteswissenschaften, aber auch die Sozialwissenschaften substanzielle Beiträge liefern müssen, um ein grundlegendes Verständnis für die komplexen Mensch-Umwelt-Wechselwirkungen zu erarbeiten. Dies geschieht vor dem Hintergrund (prä-)historischer Entwicklungen ebenso wie mit Blick auf die derzeitigen Adaptionsprozesse vieler Gesellschaften an den laufenden klimatischen Wandel und davon ausgelöste Umweltveränderungen.

Die disziplinüberschreitende Zusammenarbeit wurde in den vergangenen Jahren immer wieder gefordert, an vielen Universitäten, wie auch in Heidelberg, wird sie inzwischen vielfach gelebt und durch zahlreiche Instrumente unterstützt. Auch Treffen wie dieser Leopoldina-Workshop tragen zum Bewusstsein der Notwendigkeit bei, disziplinäre Expertisen zu verschränken, um zu einem tieferen Verständnis komplexer Zusammenhänge zu finden und um so die Grundlage dafür zu schaffen, dass Strategien und Maßnahmen entwickelt werden können, Krisen bzw. krisenhaften Situationen bereits im Vorfeld ihres Auftretens zu begegnen. Dass dies zur Reihe „Menschenbilder in der Wissenschaft" passt, mit der die Nationale Akademie der Wissenschaften Leopoldina dankenswerterweise zum Nachdenken über Wissenschaft anregt, wird deutlich.

Die Alte Aula unserer Universität bot sicher einen stimulierenden Rahmen für ein solches Unterfangen. Ich danke meinem Kollegen Prof. Dr. B. Herrmann (ML) sehr herzlich für die Anregung und Initiative zur Durchführung der Veranstaltung, allen Referenten und Interessierten, die nach Heidelberg kamen und die Diskussionen befördert sowie allen Mitarbeiterinnen und Mitarbeitern im Hintergrund, die zum Gelingen beigetragen haben. Dem nun vorliegenden Tagungsband wünsche ich eine weite Verbreitung und eine intensive Rezeption. Mögen die von den Autoren zu Papier gebrachten Überlegungen als Anregung dienen, weiter nachzudenken und sie in das eigene auch angewandte Wirken einzubeziehen. Dann hat der Workshop seine Funktion erfüllt und nachhaltige Wirkung entfaltet.

Prof. Dr. Bernhard Eitel (ML)
Rektor der Universität Heidelberg

Danksagung

Am 11. November 2014 führte die Nationale Akademie der Wissenschaften LEO-POLDINA in Kooperation mit der Ruprecht-Karls-Universität in Heidelberg einen Workshop zum Thema „Sind Umweltkrisen Krisen der Natur oder der Kultur?" durch.

Die vorliegende Veröffentlichung macht die ausgearbeiteten Vorträge der Referenten einem größeren Publikum zugänglich. Der Herausgeber dankt den Referenten für deren Bereitschaft, sich an dieser Veröffentlichung zu beteiligen.

Ferner dankt der Herausgeber dem Präsidium der LEOPOLDINA und dem Rektorat der Universität Heidelberg, in Halle den Damen Dr. Stefanie Westermann und Barbara Döhla, in Heidelberg den Damen Marietta Fuhrmann-Koch und Nicole Hoffmann vom Präsidialamt und Diana Warth vom Studentenwerk, für die Möglichkeit zur Durchführung des Workshops und die hierfür geleistete Unterstützung sowie dem Springer-Verlag für die Aufnahme des Werks in sein Verlagsprogramm.

Inhaltsverzeichnis

Biografien

Prof. Dr. Bernhard Eitel Geb. 1959; ab 1980 Studium der Geographie und Germanistik an der Universität Karlsruhe (TH); 1986 Staatsexamen; 1989 Promotion an der Universität Stuttgart; 1994 Habilitation an der Universität Stuttgart; ab 1995 Professor für Physische Geographie an der Universität Passau; Rufablehnungen an den Universitäten Göttingen (2000) und Bayreuth (2001); seit 2001 Professur für Physische Geographie und Direktor des Geographischen Instituts der Universität Heidelberg.
Seit 2007 Rektor der Universität Heidelberg, z. Zt. in zweiter Amtszeit bis 2019; 2008 Berufung in die Deutsche Akademie für Technikwissenschaften (acatech); 2009 Wahl zum korrespondierenden Mitglied des Deutschen Archäologischen Institutes (DAI); 2010 Aufnahme in die Deutsche Akademie der Naturforscher Leopoldina – Nationale Akademie der Wissenschaften; 2011 Auszeichnung als „Commandeur dans l'Ordre des Palmes Académiques"; Schwerpunkte der Forschung bildeten besonders Fragestellungen aus den Bereichen Geomorphologie, Bodengeographie, Umweltgeschichte und Geoarchäologie. Die räumlichen Schwerpunkte lagen in folgenden Regionen: Trockengebiete (vor allem Südwest-Afrika, Peru, Xinjiang), Arktis (Spitzbergen), Mittelmeerraum und Mitteleuropa. Thematische Schwerpunkte: Trockengebietsforschung, Paläoumweltforschung, Geoarchäologie, Bodengeographie, Geomorphologie.

Prof. Dr. Bernd Herrmann Geb. 1946 in Berlin; Studium der Anthropologie, Zoologie, Biomathematik sowie Geologie/Paläontologie an der FU; Diplom 1970; Promotion mit einer Experimentalarbeit über Leichenbrände und das menschliche Fossil von Combe Capelle 1973; nach der Habilitation Assistenzprofessor 1975–1978 FU Berlin; 1978–2011 Professor für Anthropologie an der Biologischen Fakultät der Universität Göttingen; kooptiertes Mitglied der Philosophischen Fakultät (Mittlere und Neuere Geschichte). 1995/96 Fellow des Wissenschaftskollegs Berlin; Mitglied der Nationalen Akademie der Wissenschaften Leopoldina seit 1998; Gastprofessuren in Halle, Florenz, London, Wien, Thessaloniki; Sprecher des Graduiertenkollegs „Interdisziplinäre Umweltgeschichte" 2004-2010. Hauptarbeitsgebiete: Prähistorische Anthropologie, mit Affinitäten zur Forensik und molekularen Anthropologie. Seit Mitte der 1980er Jahre umwelthistorisch aktiv; Herausgeber verschiedener Sammelbände, u. a. „Mensch und Umwelt im Mittelalter" DVA 1986, mit div. Lizenzausgaben; Veröffentlichungen zur Umweltgeschichte u. a. Mein Acker ist die Zeit (Göttingen 2011) als open-access-PDF erreichbar über die Homepage des GraKo 1024); dort auch die Veröffentlichungen des von ihm initiierten Graduiertenkollegs (http://www.anthro.uni-goettingen.de/gk/); Lehrbuch Umweltgeschichte. Eine Einführung in Grundbegriffe (2013, 2. Auflage 2016; Springer, Berlin Heidelberg); zuletzt: Mildenberger/Herrmann (Hg) Uexküll, Umwelt und Innenwelt der Tiere (Springer 2014).

Prof. Dr. Claus Leggewie Geb. 1950, ist Professor für Politikwissenschaft und Direktor des Kulturwissenschaftlichen Instituts (KWI) in Essen sowie des Centre for Global Cooperation Research in Duisburg. Nach dem Studium der

Sozialwissenschaften und Geschichte in Köln und Paris promovierte und habilitierte er an der Universität Göttingen. Er lehrte dann als Professor an der Justus-Liebig-Universität Gießen sowie an den Universität Paris-Nanterre und der New York University. Darüber hinaus war er Fellow am Institut für die Wissenschaften vom Menschen in Wien, am Remarque Institute der New York University und am Wissenschaftskolleg zu Berlin. 2001 gründete er das Zentrum für Medien und Interaktivität an der Universität Gießen, wo er auch am SFB Erinnerungskulturen tätig war. Seit 2007 leitet er das KWI, und seit 2008 ist er Mitglied des Wissenschaftlichen Beirats der Bundesregierung für Globale Umweltveränderungen (WBGU), der jährlich Haupt- und Sondergutachten herausbringt. Leggewie arbeitet in inter- und transdisziplinären Zusammenhängen zu Themen der Klima- und Interkultur. Er ist Mitherausgeber der Reihen „Climate & Cultures" (Leiden), „Interaktiva" (Frankfurt/New York) und der „Routledge Global Cooperation Series" (London) sowie der Zeitschriften „Transit „(Wien) und „Blätter" (Berlin). Leggewie ist Ehrendoktor der Theologie an der Universität Rostock und Träger des Universitätspreises der Universität Duisburg-Essen.

Dr. Bertil Mächtle Geb. 1972 in Stuttgart. Er ist seit 2012 Vertreter der Professur für Geomorphologie und Bodengeographie an der Universität Heidelberg. Nach dem Studium der Geographie, Geologie, Bodenkunde sowie der Landschafts- und Pflanzenökologie in Stuttgart und Hohenheim befasste er sich im Rahmen seiner Dissertation mit der Landschaftsentwicklung der peruanischen Küstenwüste und deren Beziehung zur präkolumbischen Kulturdynamik. 2014 wurde unter seiner Beteiligung der fakultätsübergreifende Masterstudiengang „Geoarchäologie" an der Universität Heidelberg begründet. Er ist seit 2010 Vorstandsmitglied des Deutschen Arbeitskreises für Geomorphologie. Seine aktuellen Forschungsschwerpunkte liegen in den Trockengebieten Lateinamerikas und Zentralasiens. Ein besonderes Augenmerk liegt auf der Dynamik der paläoklimatischen Telekonnektionen dieser Gebiete und ihrer unabhängigen Kulturentwicklung. Zu den wichtigsten Publikationen zählen: Mächtle und Eitel (2013) Fragile landscapes, fragile civilizations – how climate determined societies in the pre-Columbian south Peruvian Andes. Catena 103: 62–73. doi:10.1016/j.catena.2012.01.012 und Mächtle (2007) Geomorphologisch-bodenkundlicheUntersuchungen zur Rekonstruktion der holozänen Umweltgeschichte in der nördlichen Atacama im Raum Palpa/Südperu. Heidelberger Geographische Arbeiten 123, 258 S.

Prof. Dr. Josef H. Reichholf Geb. 1945. Er studierte Biologie, Chemie, Geographie und Tropenmedizin an der Universität München und promovierte 1969 in Zoologie. 1970 von der Studienstiftung des Deutschen Volkes finanziertes Forschungsjahr in Brasilien. 1971 bis 1974 DFG Forschungsauftrag ‚Ökologie der Wasservögel der Stauseen am unteren Inn'. 1974 Übernahme der Sektion Ornithologie an der Zoologischen Staatssammlung in München (ZSM) mit späterer Leitung der Hauptabteilung Wirbeltiere bis zur Pensionierung 2010. Parallel zum Hauptamt an der ZSM Lehrtätigkeit an beiden Münchner Universitäten: Gewässerökologie und Naturschutz an der TU München. Allgemeine und evolutionäre Tiergeographie sowie Ornithologie an der LMU.

Er ist Mitglied der Kommission für Ökologie der Bayerischen Akademie der
Wissenschaften und war im nationalen und internationalen Naturschutz (WWF,
IUCN) in führenden Positionen tätig.
Langjährige Populationsstudien an Vögeln, Insekten und Großmuscheln in
Südostbayern; die längsten Zeitreihen erstrecken sich über > 50 Jahre. Einige der
ökologischen Untersuchungen aus den 1970er Jahren in den Auen und an den
Stauseen am unteren Inn überprüft Reichholf seit seiner Pensionierung, um
festzustellen, welche seiner damaligen Befunde und Schlussfolgerungen Bestand
hatten, und welche nicht – und warum. Oder auch, wo er sich in der
Interpretation der Daten geirrt hatte. Zahlreiche Fachpublikationen und
Buchveröffentlichungen in 15 Sprachen, darunter Chinesisch, Koreanisch und
Japanisch. Die Problematik statischer vs dynamischer Betrachtung und Bewertung
von Naturvorgängen wird vor allem in „Eine kurze Naturgeschichte des letzten
Jahrtausends" (S. Fischer, Frankfurt am Main 2007) und in „Stabile
Ungleichgewichte. Die Ökologie der Zukunft" (Suhrkamp, Frankfurt am Main
2008) behandelt. Reichholf ist Träger der Treviranus-Medaille, der höchsten
Auszeichnung des Verbands Deutscher Biologen und Biowissenschaftlicher
Gesellschaften und diverser weiterer Ehrungen.

Prof. Dr. Rolf Peter Sieferle Geb. 1949, war bis zu seiner Emeritierung 2012
Professor für allgemeine Geschichte an der Universität St. Gallen. Nach dem
Studium der Geschichte, Politikwissenschaft und Soziologie in Heidelberg und
Konstanz wurde er 1977 promoviert und habilitierte sich 1984 für das Fach
Neuere Geschichte in Konstanz. Seine Forschungsschwerpunkte lagen auf den
Gebieten der politischen Ideengeschichte, der Umweltgeschichte und der
Universalgeschichte, wozu er zahlreiche Publikationen vorlegte.

Sind Umweltkrisen Krisen der Natur oder Krisen der Kultur?

Zur Einführung

Bernd Herrmann

B. Herrmann (Hrsg.), *Sind Umweltkrisen Krisen der Natur oder der Kultur?*,
DOI 10.1007/978-3-662-48139-4_1, © Springer-Verlag Berlin Heidelberg 2015

» Mit dem Wort „Wissenschaft" wird heutzutage ein lächerlicher Fetischismus getrieben. Deshalb ist es wohl angezeigt, darauf hinzuweisen, dass die Wissenschaft nichts anderes ist als die Summe der Meinungen der heute lebenden Forscher. Soweit die Meinungen der älteren Forscher von uns aufgenommen sind, leben auch sie in der Wissenschaft weiter. Sobald eine Meinung verworfen oder vergessen wird, ist sie für die Wissenschaft tot.

Nach und nach werden alle Meinungen vergessen, verworfen oder verändert. Daher kann man auf die Frage: „Was ist eine wissenschaftliche Wahrheit?" ohne Übertreibung antworten: „Ein Irrtum von heute."

J. v. Uexküll, Einleitung zu „Umwelt und Innenwelt der Tiere" (1909, 1921²), mit der durch Uexkülls Entdeckung der „Umwelt" die Grundlage aller heutigen Umweltforschung gelegt wurde (Uexküll 2014, S. 19).

Das Heidelberger Symposion, auf das diese Buchveröffentlichung zurückgeht, ist Teil einer Symposien-Reihe, mit der die Nationale Akademie der Wissenschaften LEOPOLDINA in Zusammenarbeit mit jeweils wechselnden Kooperationspartnern zur Reflexion über wissenschaftliche Aussagen beitragen möchte. Die Einsichten der Wissenschaften sind keine ewig haltenden Gegebenheiten. Sie gründen vielmehr auf Vorstellungen, die sich Menschen zu Zeiten von der Welt und damit notwendigerweise auch von sich selbst machen. Die Vorstellungen bzw. Bilder entfalten eine verhaltenssteuernde Wirkung, sie werden zu heimlichen oder offenen Grundlagen des Denkens und des politischen Handelns. An der Behauptung Karl Poppers, wonach wir uns durchs Leben raten, ist offensichtlich viel Wahres. Deshalb möchte die Reihe zum Nachdenken über diese Bilder anregen und damit zur kritischen Betrachtung der oft normativ daherkommenden Aussagen der Wissenschaft ermutigen.

Der Begriff „Menschenbild" steht synonym für das „Wesen" des Menschen (z. B. Hilgert und Wink 2012). Wie sein Wesen bzw. seine „Natur" zu beschreiben sei, hängt ganz davon ab, welche Vorstellungen von „Natur" allgemein existieren. Seit Johann Gottfried Herder wird mit einer ontologischen Setzung die „Kultur*fähigkeit*" des Menschen seiner Natur als gewiss und sogar als Alleinstellungsmerkmal zugerechnet. Scheinbar wurde damit der seit der Antike bei uns gültige Dualismus von Natur und Kultur bekräftigt. Man darf diese Auffassung allein nach jüngeren Einsichten der Lebenswissenschaften kritischer beurteilen, wenn man an kulturelle Errungenschaften bei Primaten, bestimmten Vogelarten, bei Kopffüßlern oder an Wale denkt. Dass hier auch eine enge Verbindung zu jenem anderen angeblichen Dualismus besteht, der gewöhnlich mit dem Namen von René Descartes verbunden wird, liegt auf der Hand. Das damit verbundene semantisch-philosophische Minenfeld sei hier umgangen. Vielmehr soll an eine Mahnung angeknüpft werden, die der Biologe und Entdecker der „Umwelt", Jakob von Uexküll

1

(1864–1944), der Philosophie Immanuel Kants entnommen und bei der Entwicklung seines Umweltverständnisses berücksichtigt hatte:

> » Dem Forschungsdrang des naiven Beobachters, die körperlichen Gestalten [der Natur], die ihn umgeben, zu prüfen und ihre Wirkungen aufeinander zu studieren, ruft Kant ein kategorisches ,Halt' zu. ,Erst untersuche, was du selbst als Subjekt in die Natur hineinträgst, ehe du das Wesen der Dinge, die dich umgeben zu erforschen unternimmst. Erst prüfe deine eigene Anschauung, ehe du ein Urteil über die von dir angeschauten Dinge abgibst.' Und nun belehrt ihn Kant, dass Raum und Zeit keine Objekte sind, die man aus der Menge anderer Objekte herausnehmen und für sich betrachten und betasten kann, *sondern dass sie die Formen unserer Anschauung sind.* Sobald wir uns der Naturbetrachtung zuwenden, tragen wir notgedrungen Raum und Zeit als die elastischen Rahmen mit hinzu, welche die jeweils vorhandene Menge der Erscheinungen vollständig umfassen und in die wir alle Dinge, große und kleine, ferne und nahe, vergangene und künftige einordnen (Uexküll 1947, S. 6).

Nun würde jede Natur*betrachtung* vermutlich ohne Zögern den kulturellen Leistungen zugerechnet. Jede *Rede* über „Natur" ist eine kulturelle Rede, doch wirft die Leitfrage des Workshops nur vordergründig eine Scheinfrage auf. In der Frage steckt der Zweifel, ob nämlich Phänomene der Umwelt nicht letztlich doch auf objektiven Ursachen beruhen oder tatsächlich „nur" subjektiven Erkenntnisleistungen zuzurechnen sind. Ob sie Einschätzungen bzw. Bewertungen durch eine kulturelle Vorsteuerung darstellen und ihnen kein kulturfrei zu denkender Maßstab zugrunde liegt? Damit zielt die Frage auch auf das Selbstverständnis der Naturwissenschaften, „objektiv" über die Natur zu reden. Was aber ist mit den Formen unserer Anschauung? Sie gründen auf unseren Sinneseindrücken, aber gewiss auch auf mentalen Zuständen, über deren Qualität die Neurowissenschaftler mit den Philosophen in der Qualia-Debatte streiten. Wie also kommen wir zu „objektiven Aussagen", wenn es bereits ein apriorisches Vorverständnis mancher Strukturen gibt, die uns seit Beginn unserer Individualentwicklung umgeben, seien es Raum und Zeit oder möglicherweise die grammatische Struktur der Muttersprache? Auch darüber machte sich Uexküll Gedanken und stellte eine für die Reputation eines Naturwissenschaftlers und, vor dem Hintergrund seines eigenen Umweltbegriffs, absolut gewagte Frage:

> » Wie sehen wir die Natur, wie sieht sie sich selber? (Uexküll 1923).

Uexküll wirft hier eine erkenntnistheoretische Nebelkerze, denn diese Doppelfrage ist tatsächlich nur eine simple Tautologie. Was als Sicht der Natur selbst behauptet würde, wäre in jedem Fall nur eine Variante *unserer* Sicht auf die Natur, was zirkulär wieder auf die Leitfrage des Workshops zurückführt: „Sind Umweltkrisen Krisen der Natur oder der Kultur?" In dieser Frage steckt eben jene weitergehende, ob besagte Phänomene der Umwelt auf objektiven Ursachen beruhen oder auf subjektiven Bewertungsleistungen?

Mit ziemlichem philosophischem Aufwand wird in der Umweltforschung den Begriffen Krise und dem mit ihr verwandten Begriff der Katastrophe nachgegangen, die beide als existenzielle Herausforderungen begriffen werden (Herrmann 2013). Alle Wortfügungen, in denen der Begriff „Natur" mit einem dieser Begriffe verbunden wird, sind Komposita des 18. Jahrhunderts, Kinder der Aufklärung sozusagen. Während die „Katastrophe" dabei als philosophische Kategorie aus der griechischen Geschichtsschreibung über eine Analogiebildung dem Naturgeschehen übergestülpt wurde, hat sich die Naturwissenschaft gewissermaßen revanchiert, indem sie im Gegenzug mit klinischem Blick im historischen Geschehen eine Kette von „Krisen" diagnostizierte, einen Begriff, den sie der medizinischen Diagnostik entlehnte. Beide Begriffe lieferten das Handwerkszeug für ein emotionales Verständnis von Geschichtsereignissen, denn beide Begriffe sind subjektive Kategorien. Sie befördern das, was in der gegenwärtigen Historiografie als „Katastrophendiskurs" bekannt ist, vor dessen Ausmaß selbst Edmund Burke, der im 18. Jahrhundert den Schauder angesichts gewaltiger Naturschauspiele beschrieb, in atemloser Sprachlosigkeit verharren müsste (Eybl et al. 2000). Man wetteifert geradezu und streitet um die Ereignisse des Bedrohlichen und des Zerstörerischen und ihre Einordnung in die Umweltgeschichtsschreibung, dass es nur so kracht. Am Ende aber landen sie, zumindest die Nachdenklichen, bei der zutreffenden Einschätzung des späteren Schriftstellers Max Frisch, der in seinem Erstberuf als Architekt das ingenieurmäßig-nüchterne Denken erlernt hatte:

> » Naturkatastrophen kennt allein der Mensch, sofern er sie überlebt. Die Natur kennt keine
> Katastrophen (Frisch 2011, S. 103).

Deshalb ist die Differenzierung hilfreich, wonach die Forschung über Natur*gefahren* naturbezogen und ursachenorientiert wäre, und damit den Naturwissenschaften zuzurechnen sei. Dagegen wäre die Natur*katastrophen*forschung gesellschafts- und wirkungsorientiert, sie gehöre den Sozial- und Gesellschaftswissenschaften an. Weil der Katastrophenfall im Kern auf menschliche Risikobereitschaft zurückzuführen ist: Wer in der Flussaue wirtschaftet, weiß im Prinzip, dass das Hochwasser die Früchte seiner Arbeit bedroht, trotz gewaltiger ingenieurtechnischer Anstrengung, den Naturkräften jene Fesseln aufzuerlegen, die von Anfang an auf der Agenda der Moderne standen.

> » Die Einteilung der natürlichen Historie wollen wir nach dem Zustand und der Beschaffenheit
> der Natur selbst unternehmen, als die in dreifachen Zustand gesetzt erfunden wird und
> gleichsam eine dreifache Regierung eingeht. Denn entweder ist die Natur frei und erklärt sich
> durch ihren gewöhnlichen Lauf, wie an den himmlischen Körpern, den Tieren, den Pflanzen
> und dem ganzen Vorrat der Natur; oder sie wird durch bösartige Ungewöhnlichkeiten eines
> unbändigen Stoffes und durch die Gewalt der Hindernisse außer ihrem Zustand gestoßen,
> wie in Missgeburten. Also teilt sich die natürliche Historie in die Historie der Zeugungen, der
> Misszeugungen und der Künste, welche letztere man auch die Mechanik und die erfahrende
> Naturlehre zu nennen gewohnt ist. Die erste derselben behandelt die Freiheit der Natur, die
> zweite die Fehler, die dritte die Bande (Bacon 1783, S. 173).[1]

Wie so oft hat die Ökonomie einen von der akademischen Systematik abweichenden pragmatischen Weg gefunden, wenn sie (in der Versicherungswirtschaft) ein Ereignis dann als „Katastrophe" benennt, wenn es die Selbsthilfefähigkeit oder die Resilienz (*der Menschen*) einer Region übersteigt.[2]

Wie immer man sich dazu aufstellt: Die Wortfügungen sind bei Betrachtungen des *Naturgeschehens* als solche dem Grunde nach erkenntnishinderlich. Hatte nicht viel früher David

---

[1] Erstveröffentlichung als „De dignitate et augmentis scientiarum" (1605).
[2] Interessanterweise ist eine Kompensation, eines durch Extremereignisse verwüsteten Landschaftsprospektes, durch Versicherungsleistungen nur dann teilweise möglich, soweit dabei versicherungsfähige Werte im Sinne wirtschaftlicher Verkehrswerte betroffen waren. Landschaft oder „Biotope" als solche sind nicht versicherungsfähig. Auch wird ihre Wiederherstellung um ihrer selbst willen extrem selten oder praktisch nie angestrebt.

Hume auf den sog. Naturalistischen Fehlschluss hingewiesen, nach dem das Naturgeschehen nicht mit Kategorien der Bewertung zu beschreiben ist, weil „aus dem Sein kein Sollen" abzuleiten wäre?

Allein deshalb kann es keine *Natur*katastrophen geben. Kein Ereignis, das so klassifiziert wird, existiert seiner Qualität nach nicht auch in einem geringer dimensionierten Umfang. Deshalb spricht die Naturwissenschaft auch korrekt von *Extremereignissen* und nicht von Katastrophen. Und ob eine Sache eine gesellschaftliche Katastrophe wäre, wie seit den griechischen Begriffsstiftern vorgegeben wird, ist sicherlich eine Frage der Betrachtung. Alexander besiegte die Perser, aber begriffen das wirklich *beide* Seiten als Katastrophe? Gewiss war es eine Katastrophe für alle, auf beiden Seiten, die im Kampf fielen oder verletzt wurden und für deren Angehörige. Damit lässt sich zugespitzt das katastrophale Ereignis zwar als desaströse individuelle Erfahrung begreifen, die gesamtgesellschaftliche Einordnung kann davon jedoch erheblich abweichen. *Naturale Extremereignisse* sind dagegen in ihrem Ausmaß immer entgrenzt und erhalten Katastrophenstatus, sofern sie menschliches Siedlungsgebiet und die Mehrzahl einer Bevölkerung erreichen.

Wie ist das mit der Krise? In ihr entscheidet sich nach ursprünglicher medizinischer Einsicht der Verlauf eines Krankheitsgeschehens, also einer Abweichung vom Normalzustand, die als solche für nachteilig gehalten wird. Die Krise kann den Zustand zum Schlechteren wenden, sie kann aber auch zur Wiederherstellung führen. So sieht es auch das Deutsche Wörterbuch der Brüder Grimm:

> » krise, f. die entscheidung in einem zustande, in dem altes und neues, krankheit und gesundheit
> u. ä. mit einander streiten, das franz. crise, dies nach lat. crisis, das nichts als gr. κρίσις ist,
> eingeführt wahrsch. durch die ärzte: alle übergänge sind krisen, und ist eine krise nicht
> krankheit? fragt Göthe (Deutsches Wörterbuch ab 1852).

Eine Krise ist also ein „Übergang". Selbstverständlich ist auch „Übergang" ein wertender Begriff, hier also mit Bezug auf ein Ökosystem bzw. Lebensraum. Er beschreibt aber nicht das von vornherein Bedrohliche. Weil auch menschliche Gemeinschaften in Ökosystemen organisiert sind, und Ökosysteme selbst bei kurzfristig wirksamen Modifikationen einzelner Systemparameter ein erhebliches Beharrungsvermögen aufweisen, könnte angesichts bevorstehender Umweltänderungen Hoffnung entstehen, dass Gegensteuern wenigstens den *Status quo* zu erhalten vermöchte. Das scheint gegenwärtig auch die gesellschaftliche Hauptposition bezüglich des prognostizierten Klimawandels zu sein.

Wenn man in den Brunnen der Vergangenheit hinab steigt, ist man überrascht, dass es in der Geschichte, wie Menschen sie erfahren, zahlreiche Übergänge (ohne Gegensteuerung) gab; in ihrer Wirkung ganz unterschiedliche, obwohl sie im Prinzip nur zwei Ursachen hatten: Entweder waren sie „durch bösartige Ungewöhnlichkeiten eines unbändigen Stoffes" (Bacon) verursacht oder hatten anthropogene Ursache.[3] Der Komplexitätsgrad der Ökosysteme ist nun aber so groß, insbesondere anthropogen beeinflusster, weil die zusätzlich von menschlichen Entscheidungen abhängen, die keiner modellierungsfähigen Naturgesetzlichkeit folgen, dass Bacons Hoffnung auf die Beherrschbarkeit der Natur durch Ingenieurskünste zwar ihrem Ziel

---

[3] Einige dieser Extremereignisse, wie die Entstehung eines hochvirulenten Grippevirus, beruhen auf initialen Zufällen, andere, wie Erdbeben, ereignen sich nicht zufällig. In jedem Fall laufen alle Extremereignisse nach naturgesetzlichen Regeln ab, die allerdings oft nur dem Prinzip nach bekannt sind, wobei die Gesetze der spezifischen Komplizierung der Abläufe häufig menschliches Verständnis und prognostische Kapazität überfordern.

nähergekommen scheint. Aber allein jedes Sommerhochwasser in Deutschland führt drastisch vor Augen, welche Schäden durch die Vernachlässigung bloßen Erfahrungswissens (Flüsse steigen manchmal über ihre Ufer) und der Verlust von kollektivem Langzeitgedächtnis (historische extreme Hochwasserereignisse als Orientierung für Planungsdaten) eintreten können. Viele ökosystemare Eigenschaften sind vielfältig mit anderen ökosystemaren Variablen verknüpft, sodass Bacons heutige Helfer gut beraten sind, mit größter Vorsicht in den Systemen an den Stellschrauben zu drehen.

Sicherlich dürfte niemand jenen offensichtlich anthropogen verursachten Übergang beschönigen wollen, der in den gegenwärtigen Tagen der Vorlage des 5. Weltklimareports vorhergesagt wird. Nach heutigen Vorstellungen von der Welt erscheint den Meinungsführern eine globale Erwärmung um > 2 °C unerwünscht.

Die Geschichte lehrt, dass Umweltänderungen auch kulturelle Entwicklungsschübe zur Folge hatten. Tatsache ist, die Vorfahren von uns heute Lebenden haben sämtliche Übergänge in den Zeiten eines historischen Wandels gemeistert. Anders ausgedrückt: In der Sprache und nach den Maßstäben der Biologie haben sie aus jenen Übergängen erstaunlicherweise Vorteile gezogen, indem sie sich durch Enkelgenerationen erfolgreich durchsetzten, die ihrerseits erfolgreich Enkelgenerationen in die Welt setzten, usw. Retrospektiv waren die leiblichen Vorfahren aller heute lebenden Menschen sämtlich Profiteure von Übergängen, in denen mehr gestorben als überlebt wurde. Die daraus ableitbare Frage soll nicht auf die Spitze getrieben werden, soll aber wenigstens ausgesprochen sein, obwohl sie offenbar als weitgehend verbotene Frage erscheint: Gibt es nicht auch irgendwelche *Chancen*, die im prognostizierten Übergang enthalten sein könnten?[4] In der gegenwärtigen Debatte scheinen solche Stimmen zu fehlen, die gleichsam vorbeugend über solche Entwicklungsmöglichkeiten nachdenken, wenn denn, durchaus nicht unrealistisch, die politisch gesetzten Klimaziele nicht erreicht werden oder erst zu einem Zeitpunkt, zu dem wegen der Nachlaufeigenschaften des Systems die gesetzten Klimaziele am Ende weit überschritten werden. Aber die geplante Abwehr des prognostizierten Klimawandels scheint alternativlos.

Weiter noch: Müsste nicht derjenige, der heute über Nachhaltigkeit redet und sie einfordert, eine begründbar sichere Vorstellung davon haben, was sich in einer unbestimmten Zukunft retrospektiv als nachhaltig erwiesen haben wird (Futur II)? Und wo kommen die Maßstäbe dafür her? Das, was unter „Nachhaltigkeit" im politischen Diskurs angeboten wird, ist allermeist einem Festhalten am *Status quo* oder einem *Status quo*-nahen Zustand verpflichtet. Die wirkliche Grundlage der Nachhaltigkeit kann man sich leicht klar machen, wenn man das menschliche Wirtschaften als das erkennt, was es am Ende tatsächlich ist: Die Wirtschaft mit allen ihren Verzweigungen ist nichts anderes, als das mittlerweile ins unvorstellbar komplex entwickelte Leben und Erfüllen der tatsächlich existenziellen bzw. dafür gehaltenen Bedürfnisse der Menschen.

---

[4] Die globale Erwärmung bis zum Jahre 2100 nicht über 2 °C steigen zu lassen, folgt zwar der Einsicht, dass bei sofortigem Einsetzen aller ingenieurtechnischen und politischen Leistungsfähigkeit weniger nicht erreichbar sein dürfte. Der prognostizierte Klimawandel von ≥ 2 °C würde allerdings bei einem Grenzwert von 2 °C in Mitteleuropa klimatische Verhältnisse wie etwa zur Zeit des mittelalterlichen Klimaoptimums zur Folge haben. Ihm folgte die Kleine Eiszeit. Es ist also der historische Zufall, der 2 °C vorgibt, und nicht etwa eine kluge Überlegung. Sie könnte ja, sofern angestellt, vielleicht zu einem Ergebnis kommen, dass unter dem Strich 3 °C oder 4 °C langfristig vorteilhafter wären als die Beschränkung auf 2 °C. Von derartigen Erwägungen hat der Verfasser nicht gehört. Sie wären auch nach heutigen Klimamodellen denkbar unwahrscheinlich, denn es werden schon für die Zunahme von 2 °C Meeresspiegelanstieg, Artensterben, zunehmende Desertifikation, zunehmende Extremwetterlagen und große Migrationswellen vorausgesagt. Eine allgemein existenzielle Optimumsphase jenseits der 2 °C-Demarkation dürfte sich also erst, wenn überhaupt, *nach* einem globalen Desaster einstellen. Worin könnten also mögliche Chancen überhaupt bestehen?

Dabei kann das Qualitätskriterium „nachhaltig", das vielen Handlungsoptionen unterlegt wird, logisch nur *a posteriori* bestätigt werden. Nachhaltige Strategien sind in Wahrheit Evolutions-Wetten auf die Zukunft, wobei der Einsatz die künftig möglichen Generationen sind.

Allgemein gesprochen ist es das strukturelle Bedürfnis, das Apriori, eines jeden Lebewesens, seine Lebensansprüche zu decken. Die Summe dieser Lebensansprüche und ihr Erfüllungsraum bilden das spezifische ökologische Gefüge und den Erlebnisraum eines jeden Lebewesens (seine Uexküllsche „Umwelt"), also auch von Menschen. „Nachhaltigkeit" bezeichnet die Bedingungen, unter denen Prozesse oder Bedürfnisdeckungen *verstetigt* werden können. Verstetigung oder Permanenz ist das intrinsische Prinzip, auf das alle Lebensvorgänge ausgerichtet sind. Wie ist die Permanenz der Vielzahl menschlicher Kulturen angesichts des klimatischen Wandels zu erreichen? Soll Permanenz möglichst für alle Kulturen und alle Individuen gelten? Ist diese Vorstellung nicht jenseits der Realität, wenn man erkennt, dass Verstetigung der Lebensansprüche in allen Ökosystemen und für alle Lebewesen (also auch für Menschen) vor dem Problem steht, dass die begrenzten Ressourcen eines Ökosystems *unter Konkurrenz* verteilt werden und es daher am Ende Verlierer geben *muss*? Der Demografische Wandel, der bisher vor allem die Gesellschaften der Alten Welt betroffen hat und letztlich nur das gegenwärtige Ende eines etwa 300jährigen Transformationsprozesses darstellt,[5] sollte eigentlich die Augen für ein Faktum geöffnet haben, das analog auch auf die Klimafolgenproblematik zutrifft. Die Klage über die Überalterung der altweltlichen Gesellschaften ist am wirklichen Ende keine Klage über ökonomische Zwänge oder das Fehlen junger Menschen. Vielmehr ist der Bestand der Art Homo sapiens auf der Erde absolut ungefährdet. Am ultimaten Ende hat die Klage einen ethnozentrischen Kern. Analog darf man deshalb auch voraussagen, dass bereits die absehbaren Klimafolgen bestimmte (wenn auch bisher vielleicht nicht bekannte) Bevölkerungen und Wirtschaftsräume gegenüber anderen privilegieren werden. Völlig ungewiss sind allerdings deren ethnische Zugehörigkeit und deren künftiger Lebensstandard. Die anthropogenen Klimaveränderungen werden jetzt als jene Naturmacht erkannt, von der schon Karl Marx sprach, gegen die die ingenieurtechnischen Fesseln Bacons jetzt gegenläufigen äußersten Aufwand treiben müssen:

» Die Arbeit ist zunächst ein Prozess zwischen Mensch und Natur, ein Prozess, worin der Mensch seinen Stoffwechsel mit der Natur durch seine eigne Tat vermittelt, regelt und kontrolliert. Er tritt dem Naturstoff selbst als eine Naturmacht gegenüber. Die seiner Leiblichkeit angehörigen Naturkräfte, Arme und Beine, Kopf und Hand, setzt er in Bewegung, um sich den Naturstoff in einer für sein eignes Leben brauchbaren Form anzueignen. Indem er durch diese Bewegung auf die Natur außer ihm wirkt und sie verändert, verändert er zugleich seine eigne Natur. Er entwickelt die in ihr schlummernden Potenzen und unterwirft das Spiel ihrer Kräfte seiner eignen Botmäßigkeit. (Marx 1968, S. 192–193).

Was Marx feststellte, war zu seiner Zeit als historische Gewissheit eigentlich längst im allgemeinen Bewusstsein. Wer Kanäle in den Fels sprengen kann, Berge abtragen, Erze ausgraben, Pflanzen und Tiere nach seinen Vorstellungen züchten und in Eisenmaschinen über die Weltmeere fahren kann, der *ist* eine *globale* Naturmacht, bis hin zu den unwiederbringlichen Ausrottungen. Nur zwei Beispiele: Bereits antik ausgerottet wurden der griechisch-vorderasiatische Löwe und die nordafrikanische Drogenpflanze Sylphion. Über das neuzeitliche, anthropogene Artensterben machte sich z. B. Voltaire seine Gedanken (Voltaire 1764, S. 71–73, 1769, S. 31).

---

[5] Stichwort „Demografische Transition" bzw. „Demografischer Übergang".

Die Naturmacht der Menschen war spätestens seit der Mitte des 19. Jahrhunderts unter gebildeten Wissenschaftlern Konsens. Schließlich wurde die alte Vermutung bestätigt, dass schon die ersten neolithischen Ackerbauern durch ihre Kultivierungstechniken irreversibel klimawirksam waren (z. B. Ruddiman 2003). Dass sogar Jäger-Sammler-Kulturen ganze Kontinente umgestalten können, lehren die Beispiele beider Amerika und vor allem Australien (Gammage 2011). Umso erstaunlicher, dass man die globale Umweltwirksamkeit menschlicher Aktivitäten erst ab dem Jahre 1784 gelten lassen will, in dem die Menschheit in ein neues geologisches Erdzeitalter, dem Anthropozän, eingetreten sein soll. In der öffentlichen Rezeption der perspektivischen Umweltproblematik hat sich offenbar und augenscheinlich schlagartig mit der Propagierung des „Anthropozän"-Begriffs (Herrmann 2014, S. 43–50) die Einsicht von der Naturmachtbefähigung des Menschen allgemein durchgesetzt. Dieser Begriff dämmerte mehr als hundert Jahre dahin und war zum Zeitpunkt seiner Formulierung Ausdruck selbstbewusster Naturwissenschaftlichkeit. Heute kommt dem Ausdruck weder analytische Qualität noch Ordnung stiftende Eigenschaft zu, er beschreibt das absolut Selbstverständliche. Deshalb war die Geschwindigkeit erstaunlich, mit der dieser Begriff nach 2002 in Wissenschaft und Feuilletons Verbreitung fand. Augenscheinlich wurde er zu einer Fulgurationsfigur. Am Beispiel der Multiplikation des Anthropozän-Begriffs wird die Alltagswirksamkeit wissenschaftlicher Konzepte exemplarisch deutlich. Wissenschaftliche Konzepte unterliegen selbstverständlich auch Konjunkturen und werden interessengeleitet multipliziert. Da ist ein schickes Schlagwort deshalb nützlich, weil es den öffentlichen Prozess der Wissenschaftssubventionierung erleichtert. Augenscheinlich kommen dem konkreten Begriff offenbar aber auch noch apotropäische Eigenschaften zu, denn seit seiner Lancierung wird er mantraartig im Munde der wissenschaftlichen und gehobenen feuilletonistischen Welt geführt, wohl auch, um sich als eingeweiht zu erkennen zu geben. Als sei mit diesem Terminus der Fortschritt gewonnen, nur welcher?

Wie immer die Frage nach dem Verhältnis von Natur und Kultur in einer Umweltkrise variiert wird, man landet bei Bewertungen, die zu ihrer Formulierung Sachwissen benötigen, die traditionell in *zwei* Wissenszusammenhängen systematisiert werden. Einmal in den Naturwissenschaften, und zwar jenen, die sich überwiegend mit ökologischen Systemen befassen. Tatsächlich hängen alle Lebewesen, und deshalb auch Menschen und deren Ordnungen des Zusammenlebens, unhintergehbar an den Dienstleistungen ihrer Ökosysteme (z. B. Millenium Ecosystem Assessment 2005). Dann in den Kultur- und Gesellschaftswissenschaften, die sich mit sozialen Systemen befassen. Dies ist eine Folge der trennenden Systematisierung von Wissen innerhalb unserer Wissensordnung in einen naturwissenschaftlichen und einen geistes-resp. kulturwissenschaftlichen Komplex. Alles menschliche Wissen ist eine Kulturleistung. Die Trennung des „naturkundlichen Wissens" von den Produkten der Denkleistungen, die sich nicht auf die „natürliche" Umgebung beziehen, ist offenbar ein gemeinsames Erbe antiker Erkenntnisordnungen und der mittelalterlichen Theologie, in der die Natur selbst zu einer selbstständigen Bedeutungslehre avancierte: Das „Buch der Natur" wurde zu einem zweiten theologischen Buch der Offenbarung, ein seit dem Kirchenvater Augustinus (354–530 CE) geläufiges Konstrukt als neben der Bibel behauptete weitere Quelle der Erkenntnis Gottes. Wie sehr Grundfragen in Überzeugungssystemen und Religionen genetisch von ökologischen Parametern im Lebensraum der sie hervorbringenden Kulturen abhängen, haben Botero et al. (2014) eindrucksvoll belegt.

Die vergleichende Ethnologie liefert Einsichten, die vermeintlich solide europäische Denktradition einer anagenetischen Reifung zu erschüttern, die ins Post-Renaissancebild der nur zu vertrauten Natur-Kultur-Dichotomie mündet. Die profunden Darstellungen von Philippe Descola (Descola 2013) verweisen darauf, dass die seit der Renaissance bei uns zur unumstößlichen

Gewissheit geronnene Trennung von Natur und Kultur lediglich eine von vielen Möglichkeiten ist, die Totalität des Existierenden einzuteilen.

Sie hat innerhalb unseres logischen Systems eine gewisse heuristische Brauchbarkeit, stellt aber philosophisch objektiv einen Kategorienfehler dar (Herrmann 2013, S. 27 ff.), ähnlich jenem von Körper und Geist. Descola geht von der Beschaffenheit eines wahrnehmenden Lebewesens aus („Physikalität"), die im Innenleben des Lebewesens Vorstellungen („Interiorität") mithilfe ihrer entsprechenden physischen Organe und Prozesse hervorrufen. Darauf würden sich vier unterschiedliche Ontologien gründen: Neben dem uns geläufigen „Naturalismus" existierten, durch eine Art Kombinationsmatrix von Erscheinungsweisen der Physikalität und der Interiorität festgelegt, noch der „Animismus", der „Totemismus" und der „Analogismus". Mit den Begriffen von Physikalität und Interiorität nähert sich Descola auf verblüffende Weise der Auffassung Uexkülls an, die er für seine „Umwelt"-Konstruktion verwendet, ohne sich direkt auf ihn zu beziehen.

Neben der Bereitstellung von Sachwissen ist es deshalb auch eines der Ziele des Symposiums gewesen, die wissenschaftssystematisch unterschiedlich kategorisierten Wissensproduktionen von „Natur" und „Kultur" dort wieder einander anzunähern, wo es von der Sache her mehr als geboten erscheint. Denn die Sortierung von Problemstellungen und Erkenntnisleistungen nach wissenschaftlichen Parzellen und Zuständigkeiten behindert letztlich die Wissensproduktion zumindest bei komplexen Fragestellungen wie der Krisen-, Katastrophen- und Extremereignis-Forschung.

In die Veröffentlichung sind, gewissermaßen paritätisch, zwei naturwissenschaftliche und zwei kulturwissenschaftliche Beiträge aufgenommen. Im ersten Beitrag gehen die Geografen Bernhard Eitel und Bertil Mächtle neben ihrem konkreten Thema zugleich der grundsätzlichen Frage nach, ob das Verhältnis von „Natur" und „Kultur" demjenigen gleicht zwischen einem blinden und planlos handelnden naturalen Akteur, auf den sich Menschen strategisch mittels Kultur einstellen? Wie die angeblich kulturfreien anderen Lebewesen mit „der Natur" zurechtkommen, fragt seit Darwin eigentlich niemand mehr.

Der ökologische Vorteil kultureller Strategien liegt ganz offensichtlich darin, dass infolge kultureller Ingeniösität die Zahl zufälliger Lösungsversuche drastisch reduziert werden kann. Aus der akademischen Abstraktion übersetzt heißt das: Die Anzahl von Individuen, die bei Herausforderungen infolge ökologisch unzulänglicher Reaktionen sterben, lässt sich durch Kulturtechniken reduzieren. Das ist ökologisch ressourcensparend, im Sinne moralischer Überzeugungssysteme „gut". Zahlreiche kulturelle Schübe stellen, so die Einsicht aus dem Beitrag kreative Antworten auf Übergänge dar. Allerdings gibt es keine Garantie dafür, weil Kreativität in menschlichen Gemeinschaften abhängig ist von der absoluten Anzahl beteiligter Menschen und der Art und Moderation des Informationsflusses, eine machtabhängige Größe.

Der anschließende Beitrag von Josef Reichholf befasst sich mit Populationsschwankungen. Diese werden häufig Auslöser eines Alarmismus („Es gibt keine Maikäfer mehr").[6] Der Beitrag belehrt eindrucksvoll, dass größte Zurückhaltung bei einer allzu simplen Eins-zu-eins-Übertragung von Populationsschwankungen auf vordergründige Kausalbeziehungen geübt werden muss. Weder weisen solche Schwankungen notwendig auf „Krisen" hin, noch zeigen sie zwingend immer die eigentliche Krise an, sondern können Symptom einer komplexen Kausalkette sein.

---

[6] Interessanterweise wurde diesem populären Stoßseufzer öffentlich nie die Frage „Wo?" entgegengehalten.

Der Beitrag führt den Leser letztlich zu einer Denkvariante der Hintergrundfrage: Ist die „Angstblüte" einer Pflanze nichts weiter als eine vorkulturelle Anpassung an einen Übergang? Solche Fragen lassen sich am Beispiel der mobilen Organismen, also der Tiere, etwas leichter stellen, weil sie bei Übergängen vielleicht vor der Wahl stehen: bleiben oder gehen. Vielleicht wählen sie aber auch gar nicht, sondern es wird überinstanzlich über sie entschieden? Warum berührt uns die abnehmende Häufigkeit mancher Arten, wenn uns die gleichzeitige Zunahme anderer Arten stört? Haben wir tief in uns eine Abneigung gegen Übergänge, sind wir am Ende tief in uns „Evolutionskonservative"?

Im dritten Beitrag untersucht der Historiker Rolf Peter Sieferle beispielhaft die strukturellen Langzeitfolgen zweier Großereignisse, den Schwarzen Tod im europäischen Mittelalter und den seuchenbedingten demografischen Zusammenbruch in Amerika nach dem ersten Kontakt mit den Europäern. Beide Fälle beruhen auf Pandemien mit nachfolgenden Bevölkerungseinbrüchen. Nach Sieferles Einsicht wirkte die Störung durch den Schwarzen Tod in Europa als Anreiz zum Übergang zu „nachhaltigeren" Formen der Wirtschaft. In Amerika führte der demografische Zusammenbruch auch zu einem totalen Zusammenbruch ihrer gesamten kulturellen, politischen, sozialen und ökonomischen Organisationsformen. Die Verarbeitung, der in ihrer Ursache ähnlich gelagerten Krisensituation führte in extrem unterschiedliche Endzustände.

Der abschließende Beitrag von Claus Leggewie greift die Natur-Kultur-Frage direkt auf. Er diagnostiziert eine gegenwärtige Lockerung der Separation beider Denkbereiche und fragt nach den Folgen für die Wissensordnung. Soziales Handeln und politische Intervention würden durch „planetary boundaries" eingeschränkt, was die Gegenwarts- und Zukunftswahrnehmung moderner Gesellschaften beträfe. Die Reflexionen würden zunehmend ins Futur II wechseln (was werden/sollen wir getan haben?), was für die Wissensordnungen Ungewissheit zur Regel mache. Sein Fazit ist nüchtern: Die Wirtschaftswissenschaft hätte eine desaströse Krise in der Umwelt herbeigeführt, die Technikwissenschaft keine Rücksicht auf planetarische Grenzen genommen. Sowohl bei der Folgenabschätzung wie bei der Umwidmung von Mitteln müsse daher die Öffentlichkeit weit stärker einbezogen werden als bisher.

Die Leitfrage des Workshops war erkennbar rhetorisch. Selbstverständlich können Sichtweisen auf „die Natur", auf die Totalität des unabhängig von Menschen Existierenden, wenn es denn das noch irgendwo gibt, nur in der spezifischen Umweltaneignung von Menschen erfolgen. Ernst Cassirer nannte das, unter ausdrücklichem Hinweis auf die Uexküllsche Umweltlehre, die Aneignung der Welt durch symbolische Formen. Menschen könnten nicht, wie die übrigen sinnesbegabten Lebewesen, den Dingen direkt gegenübertreten, sondern es schöbe sich immer eine Folie der symbolischen *Bedeutungen* zwischen die Dinge und uns. Mit seiner Kulturdefinition hat Max Weber einen ergänzenden Gedanken beigesteuert: „Kultur ist ein vom Standpunkt des Menschen aus mit Sinn und Bedeutung belegter Abschnitt aus der sinnlosen Unendlichkeit des Weltgeschehens."

Fragt man also nach der Bedeutung, wenn man auf Gewissheit für die Zukunft vertrauen will. Die Frage nach der Bedeutung impliziert die Formulierung von Maßstäben. Und die sind gesellschaftlich gesetzt. Und dabei kann man sich erneut auf Max Weber berufen, der die Kompetenz auf „Wie?" – Fragen zwar bei der Wissenschaft sah, aber diejenige zur Beantwortung der „Ob" – Fragen als gesamtgesellschaftliche Aufgabe sah.

Sind nun Umweltkrisen Krisen der Natur oder der Kultur? Die Beiträge lassen eigentlich wenig Zweifel daran, dass sie eher der Kultur als der Natur zuzurechnen sind. Es sind die gesellschaftlichen Folgen einer Krisensituation, welche die Krise hinsichtlich ihrer Bedeutung im kollektiven Gedächtnis einordnen. Die Folgen, die sie für menschliche Gemeinschaften haben, hängen von den möglichen Handlungsoptionen und ihrer Wahl zum Zeitpunkt der Krise ab. Es ist vernünftig, wenn und dass die Wissenschaft eine kritische Haltung gegenüber eigenen wie fremden Ergebnissen einnimmt und die Gesellschaft diese kritische Position teilt und die Wissenschaft ermutigt, ihre Szenarien von den möglichen Enden her, aus dem Futur II, zu denken. Auch hierzu wollte das Symposion einladen.

Literatur

Bacon F (1783) Über die Würde und den Fortgang der Wissenschaften. Weingand & Köpf, Pest

Botero CA, Gardner B, Kirby KR, Bulbulia J, Gavin M, Gray RD (2014) The ecology of religious beliefs. Proceedings of the National Academy of Sciences 111(47):16784–16789 (www.pnas.org/cgi/doi/10.1073/pnas.1408701111)

Descola P (2013) Jenseits von Natur und Kultur Taschenbuch Wissenschaft, Bd. 2076. Suhrkamp, Frankfurt aM

Deutsches Wörterbuch online. http://dwb.uni-trier.de/de/

Eybl F, Heppner H, Kernbauer A (Hrsg) (2000) Elementare Gewalt. Kulturelle Bewältigung. Aspekte der Naturkatastrophe im 18. Jahrhundert Jahrbuch der Österr. Gesellschaft zur Erforschung des achtzehnten Jahrhunderts. WUV Universitätsverlag, Wien, S 14–15

Frisch M (2011) Der Mensch erscheint im Holozän tb 4238. Suhrkamp, Frankfurt aM

Gammage B (2011) The Biggest Estate on Earth. How aborigines made Australia. Allen & Unwin, Sydney Melbourne Auckland London

Herrmann B (2013) Umweltgeschichte. Eine Einführung in Grundbegriffe. Springer Spektrum, Berlin

Herrmann B (2014) Einige umwelthistorische Kalenderblätter und Kalendergeschichten. In: Jakubowski-Tiessen M, Sprenger J (Hrsg) Natur und Gesellschaft. Perspektiven der interdisziplinären Umweltgeschichte. Universitätsverlag Göttingen, Göttingen, S 7–58

Hilgert M, Wink M (2012) Menschenbilder. Darstellungen des Humanen in der Wissenschaft. Heidelberger Jahrbücher 54, 2010. Aufl. Springer, Heidelberg

Marx K (1968) Das Kapital. In: Marx K, Engels F (Hrsg) Werke, I. Aufl. Dietz Verlag, Berlin/DDR (Dritter Abschnitt, http://www.mlwerke.de/me/me23/me23_192.htm)

Millenium Ecosystem Assessment Reports (2005). http://www.millenniumassessment.org/en/index.html

Ruddiman WF (2003) The anthropogenic greenhouse era began thousands of years ago. Climatic Change 61:261–293

v Uexküll J (1923) Wie sehen wir die Natur, wie sieht die Natur sich selber? Die Naturwissenschaften 10:265–271 (296–301, 316–322)

v Uexküll J (1947) Der Sinn des Lebens. Küpper, Godesberg

v Uexküll J (2014) Umwelt und Innenwelt der Tiere. In: Mildenberger F, Herrmann B (Hrsg) Klassische Texte der Wissenschaft. Springer Spektrum, Berlin Heidelberg

Voltaire (1764) Dictionnaire philosophique, portatif. London (anonym, in Genf erschienen)

Voltaire (1769) Les singularités de la nature. Basel (anonym, in Genf erschienen)

Wüstenrandgebiete als „hot spots" der Kulturentwicklung

Bernhard Eitel und Bertil Mächtle

B. Herrmann (Hrsg.), *Sind Umweltkrisen Krisen der Natur oder der Kultur?*, DOI 10.1007/978-3-662-48139-4_2, © Springer-Verlag Berlin Heidelberg 2015

Wüstenrandgebiete sind Naturräume, die auf Niederschlagsschwankungen im Rahmen von Klimaveränderungen besonders sensitiv reagieren. Für den hier lebenden Menschen können Umweltveränderungen daher sehr schnell zu existenziellen Krisen werden, wenn keine oder die falschen Anpassungsstrategien gewählt werden. Ernährungskrisen können dann zur Destabilisierung von Systemen und Gesellschaften führen bis hin zu deren Zusammenbruch. Die starke geoökologische Sensitivität der Geoökosysteme am Wüstenrand führt daher bereits bei leichten Klimaschwankungen zu hohem Veränderungsdruck in der Wirtschafts- oder gesellschaftlichen Organisationsform. Deshalb sind Wüstenrandgebiete „hot spots", also die Schlüsselregionen der frühen menschlichen Kulturentwicklung. Alle ersten arbeitsteiligen Hochkulturen entstanden in Wüstenrandgebieten, in der Alten wie in der Neuen Welt. Dies ist kein Zufall. Mit vier Hypothesen werden die Gründe und Zusammenhänge erläutert.

Warum beschleunigt sich die Kulturentwicklung seit ca. 15.000 Jahren?

Am Beginn steht die Beobachtung, dass die menschliche Kulturentwicklung seit ca. 15.000 Jahren sich zunehmend beschleunigt hat. Es stellt sich die Frage, weshalb dies nicht schon früher oder erst später erfolgte.

Ein Blick auf die Klimageschichte gibt Hinweise: Der Zeitraum zwischen etwa 18.000 und 12.000 vor heute ist geprägt vom Übergang von der letzten (pleistozänen) Kaltzeit in unsere heutige Warmzeit (Holozän). Der moderne Mensch ist in Afrika seit ca. 200.000 Jahren nachweisbar (z. B. McDougall et al. 2005). Sieht man einmal von der vorletzten Warmzeit vor etwa 125.000 Jahren ab, hat der moderne Mensch überwiegend unter kalten Bedingungen gelebt. Im Pleistozän waren die Umweltbedingungen grundlegend andere als heute.

Kühle Luft nimmt weniger Feuchte auf als warme. Generell war es am Ende des Pleistozäns auf der Erde also nicht nur kälter, sondern auch trockener. Mitteleuropa beispielsweise war frei von Wäldern, an ihre Stelle traten kalte steppenähnliche Vegetationsgesellschaften aus Gräsern, Zwergsträuchern und krautigen Pflanzen. Das Überleben als Sammler und Jäger war in diesen Landschaften nicht einfach. Auch in den Tropen und Subtropen herrschten trockenere Bedingungen als heute: Die subtropisch-tropischen Wüstengebiete nahmen noch mehr Flächen ein als heute, und die tropischen Regenwälder waren auf kleinere Flächen beschränkt. Anstelle vieler holozäner tropischer Regenwälder waren am Ende der letzten Kaltzeit noch lichte, savannenartige Waldlandschaften bis hin zu offenen Graslandschaften entwickelt.

Dies war der Gunstraum, in dem die Menschen die besten Bedingungen fanden. Es war warm, aber nicht zu feucht, als dass sich dichte Wälder ausbildeten, sondern das Klima war besonders vorteilhaft für die Ausbildung savannenartiger Milieus, in denen genügend Großwild graste, um auch größeren menschlichen Jäger- und Sammlergemeinschaften die Existenz zu sichern. Die Menschen lebten in größeren Gruppen dort, wo ihr Auskommen gesichert war, v. a. in den verbliebenen offenen Wald- und Graslandschaften.

Dies änderte sich mit dem Ende der letzten Kaltzeit nach etwa 15.000 vor heute. In einer Jahrtausende langen Übergangsphase wurde es nicht nur global fast 10 Grad wärmer, sondern auch feuchter. Die Erdatmosphäre konnte mehr Feuchtigkeit aufnehmen und diese durch den Energiezuwachs auch besser in das Innere der Kontinente transportieren. Für die bevorzugten tropisch-subtropischen Lebensräume des Menschen bedeutete dies: Die dichten Regenwald-ökosysteme dehnten sich aus und ersetzten zunehmend die offenen savannenartigen Ökosysteme. Aus einer kühlen, trockeneren und waldarmen Erde war mit dem Übergang vom Pleistozän ins Holozän eine warme, feuchtere und waldreiche Erde entstanden, denn auch in den Mittelbreiten bis zu den borealen Nadelwaldgebieten wuchsen nun wieder großflächig Bäume. Dagegen schrumpften die Flächenanteile der Wüsten und weitflächige Graslandschaften bildeten sich in den vormaligen Trockengebieten (s. Eitel 2007a, 2008). In diesen verbliebenen offenen Steppen und Graslandschaften konzentrierte sich das zu jagende Großwild. So entstand ein Lebensraum, der den tropischen Graslandschaften der Kaltzeiten ähnelte und in dem der Mensch vertraute Bedingungen vorfand. Nicht Adaption war nötig, den Klimawandel zu überstehen, sondern die Bereitschaft zur Migration. Erstmals seit Jahrtausenden lebten nun größere menschliche Gemeinschaften in den vormaligen Wüsten, nicht wissend, dass es sich um Hochrisikogebiete handelte, die hochempfindlich auch auf schwächere Klimaschwankungen reagieren, solche, wie sie im nachfolgenden Holozän, also den vergangenen rund 11.600 Jahren bis heute auftreten sollten.

Hypothese 1
Die Voraussetzungen dafür, dass sich die Kulturentwicklung nach 15.000 Jahren vor heute so sehr beschleunigte, liegen in der postglazialen globalen Erwärmung mit grundlegendem Wandel der Ökosysteme, da eine kühl-trockene Erdatmosphäre global wärmer und feuchter wurde.

Zur hygroklimatischen Sensitivität der Trockengebiete

Betrachtet man die Lage der ältesten bekannten Stätten menschlicher „Hochkulturen", so fällt auf, dass diese alle in den heutigen Trockengebieten liegen. Zahllose archäologische Befunde belegen dies in der Alten Welt ebenso wie in der Neuen Welt (s. u.). Die Entstehung dieser Kulturen in einem heute offensichtlich lebensfeindlichen Raum lässt sich nur mit einem damals reichen Ressourcenangebot erklären. Unter feuchteren Bedingungen fand der Mensch dort günstige Bedingungen: warm, nicht zu feucht (semi-arid bis semi-humid) und offene Graslandschaften zum Jagen und Sammeln. Es waren aber auch Hochrisikogebiete, die im Zuge klimatischer Fluktuationen immer wieder einen hohen Anpassungsdruck auf die Gesellschaften entwickelten und damit die Ausprägung differenzierter Kulturen anstießen.

Die Trockengebiete der Erde und besonders die Wüstenrandgebiete unter ihnen gehören zu den hygroklimatisch sensitivsten Regionen der Erde. Weniger thermische Schwankungen, sondern bereits schwächere hygroklimatische Fluktuationen führen zu beträchtlichen Verlagerungen des Wüstenrands und damit der Wüstenrandgebiete (zu Definitionen und Beispielen

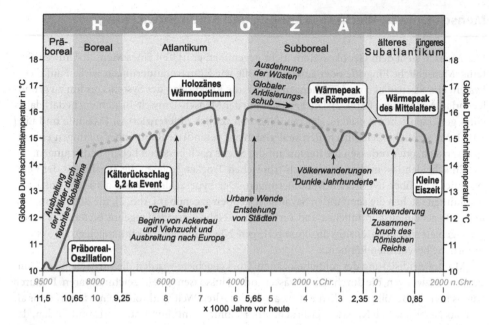

◻ Abb. 1 Veränderungen der Temperatur der Erdatmosphäre während des Holozäns. Wärmere, in der Regel feuchtere Phasen führten zum Schrumpfen der Wüsten, kühlere Phasen führten zur Aridisierung und zur Ausdehnung von Wüsten. Die *gepunktete Linie* zeigt die Trendumkehr im Temperaturverlauf während des Holozäns (aus Eitel 2007a)

aus Namibia und Peru siehe Eitel 2007b). Nachdem die Jäger- und Sammlergemeinschaften im Zuge der postglazialen, bis ins Atlantikum reichenden globalen Erwärmung in die heutigen Trockengebiete gewandert waren, trafen sie die holozänen Klimaveränderungen gleich mehrfach (s. Abb. 1). Auf die komplexen Ursachen der Klimaschwankungen sei an dieser Stelle nicht eingegangen, sondern auf die einschlägige Literatur dazu verwiesen. Spätestens ab dem 4. Jahrtausend vor Christus war der Höhepunkt der holozänen Erwärmung überschritten. Mit dem Trend zu kühlerem Globalklima erlebten die Menschen wiederholte Aridisierungsschübe, die zu unterschiedlichen Anpassungsstrategien und damit abhängig von den naturräumlichen Ressourcen zu unterschiedlicher Kulturentwicklung führten.

Dreißig Prozent der Landoberfläche der Erde gehören zu den Trockengebieten. Viele dieser Gebiete erlebten am Ende des Pleistozäns bis in das mittlere Holozän hinein eine langfristige Feuchtphase, in der der Mensch große Gebiete okkupierte. In der Sahara belegen dies die nahezu allgegenwärtigen steinzeitlichen Artefakte. Während die weniger trockenen Teilräume von Feuchteschwankungen nur gering betroffen sind, gilt für die trockene Seite der Ökumene, dass hier beispielsweise nur 5 cm weniger Jahresniederschlag (entsprechend 50 Litern/m^2) grundlegende Ökosystemveränderungen zur Folge haben können. Jede menschliche Gemeinschaft in diesen klimasensitiven Gebieten ist daher hoch vulnerabel.

Hypothese 2
Den hygroklimatisch hochsensitiven Wüstenrandgebieten kommt die Schlüsselrolle bei der Entwicklung der Kulturen zu.

Mensch-Umwelt-Wechselwirkungen und Kulturentwicklung

Der Mensch steht dem Geoökosystem nicht gegenüber, er ist Teil eines Mensch-Umwelt-Systems. Menschliche Eingriffe oder äußere Anstöße wie Klimaveränderungen wirken auf dieses System ein. Elastizitäten und Resilienzen prägen die Reaktionen des Systems bis hin zu grundlegenden Änderungen (Abb. 2). Die Erforschung der Mensch-Umwelt-Beziehung bedarf daher eines geographischen Ansatzes, der räumlich *und* zeitlich differenziert ist (Mächtle und Eitel 2013). Menschliche Gemeinschaften stellen sich auf veränderte Rahmenbedingungen ein, adaptieren sich, oder verlassen die Region auf der Suche nach besseren Lebensbedingungen.

Entscheidend ist in den subtropisch-tropischen Trockengebieten die Sensitivität der Ökosysteme gegenüber hygrischen Veränderungen. Der hyperariden Wüste als nicht nutzbarer Anökumene stehen die semiariden Savannen/Steppen gegenüber (Abb. 2), die dem Menschen in der Regel ein auskömmliches und verlässliches Nahrungsmittelangebot bieten. Die Übergangsgebiete sind hochsensitiv, da schon geringere Niederschlagsschwankungen große Systemumbrüche hervorrufen können.

Mit der Aridisierung der mittelholozänen Trockengebiete wurden die Menschen auf Gunsträume gezwungen, die durch Grundwasser- oder Flussoasen gekennzeichnet waren. Dadurch wuchs hier die Bevölkerungsdichte stark an. In der Alten Welt sind solche Gunsträume vor allem das Nigerknie, die Niloase, der Fruchtbare Halbmond mit Euphrat, Tigris und Jordan, der

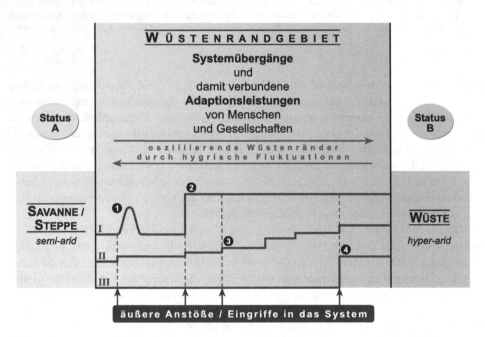

◘ **Abb. 2** Das Wüstenrandgebiet als eigenständiger geographischer Betrachtungsraum, der durch Ökosystemumbrüche zwischen Wüste (An-Ökumene) und Grasland (Steppe/Savanne als potenzielle Ökumene) gekennzeichnet ist. Eine räumliche und eine zeitliche Dynamik definieren das Wüstenrandgebiet und erlauben einen modernen, integrierten Raum-Zeit-Ansatz in der Erforschung dieser Gebiete. Die Abbildung illustriert stark schematisiert drei Beispiele des Verlaufs der Übergänge vom Zustand A zum Zustand B (oder zurück). *I* Große Elastizität der Systeme (bzw. ihrer Komponenten) (1), mittelgroße Resilienz und starke Reaktivität (2), *II* Kurze Persistenz, starke kaskadenartige Reaktivität der Systemkomponenten (3), *III* Langandauernde Persistenz, starke Resilienz, späte Reaktivität (4) (aus Eitel 2007b)

untere Indus oder der Westrand der Gobi in China. Alle frühesten „Hochkulturen" entstanden hier. Ähnliches ist in der Neuen Welt zu beobachten mit der Pueblo-Kultur in New Mexico oder den frühesten Kulturen in Südamerika entlang der Küstenwüste Nordchiles und Perus. Die Tatsache, dass ähnliche Entwicklungen in der Alten und der Neuen Welt abliefen, bestätigt die Annahme, dass hinter dem Prozess der Kulturentwicklung eine gemeinsame Triebkraft steht.

Der Adaptionsdruck war dort am größten, wo bereits die Sesshaftigkeit ausgebildet war, vor allem an den Gunststandorten in den offenen Graslandschaften der Subtropen und Tropen. Damit steigt der Druck, mit Adaptionen auf Veränderungen zu reagieren. Erst wenn alle Möglichkeiten ausgeschöpft sind, bleibt dem sesshaften Menschen als Ultima Ratio die Migration.

Bevölkerungskonzentration und Sesshaftwerdung, Arbeitsteilung und innovative Wirtschaftsformen entwickelten sich zu einer zunehmend ausdifferenzierten Gesellschaft. Nie zuvor erreichte Bevölkerungsdichten mündeten in die Urbane Wende, in die Entstehung von Stadtkulturen, in denen sich arbeitsteilig Innovationen konzentrierten und die demzufolge als besondere Treiber der Kulturentwicklung bis hin zur Erfindung der Schrift und des (buchhalterischen) Rechnens identifizierbar sind. Der entscheidende Anstoß hierfür waren aber hygrische Fluktuationen im Zuge einer Aridisierung, die sich in den hochsensitiven Trockengebieten besonders großflächig auswirkte und die schubweise die Migrationsprozesse, die Bevölkerungskonzentration und neue Wirtschaftsformen bewirkte. Dies alles sind letztlich Vorgänge, die als Adaptionen zu verstehen sind. Adaptionen können so auch als Rektionen verstanden werden, die das Gesamtsystem wieder nachhaltig in eine stabile Wechselwirkung seiner Einzelkompartimente bringt.

Bemerkenswert ist, wie Kuper und Kröpelin (2006) zeigten, dass die Konzentration der Menschen auf ökologische Nischen mit unterschiedlicher Naturraumausstattung verschiedenartige, voneinander fragmentierte Adaptionsprozesse in Gang brachte. Damit kann die Entwicklung unterschiedlicher kultureller Eigenarten erklärt werden. Regionalisierung, Marginalisierung beziehungsweise Fragmentierung der einstigen eher homogenen Jäger- und Sammlergemeinschaften führte zu verschiedenartigen Mensch-Umwelt-Systemen, also zu unterschiedlichen Kulturen.

Hypothese 3
Die Beziehung zwischen Mensch und Umwelt hin zur frühen Kulturentwicklung lässt sich systemar beschreiben.

Zur Frage nach dem geo- oder kulturdeterministischen Paradigma

Lange Zeit standen sich in der Wissenschaft eine kulturdeterministische und eine geodeterministische Sichtweise unversöhnlich gegenüber. Erstere besagt, dass der Mensch als selbstbestimmtes Wesen kulturelle Entwicklungen stets aus eigenem Antrieb angestoßen hat, letztere weist der Umweltdynamik die steuernde Rolle für Veränderungen in kulturellen Systemen zu und wird deshalb auch als „Naturdarwinismus" kritisiert (Hard 2011). Erkenntnisse in der Forschung zeigen jedoch immer deutlicher, dass keines dieser beiden Paradigmen die frühe Kulturentwicklung vollständig erklärt. Vielmehr bilden Mensch und Natur ein gemeinsames

System. Issar und Zohar (2004) führten deshalb den Begriff des Neodeterminismus ein, welcher den paradigmatischen Gegensatz auflöst.

Die in vielen Studien nachgewiesene unmittelbare zeitliche Kopplung der Kulturentwicklung an die Klimadynamik lässt sich besonders gut an einem Beispiel aus Peru nachvollziehen. Paläoklimainformationen liefern die Untersuchungen von sogenannten Umwelt- bzw. Geoarchiven, also insbesondere von Sedimenten, Landformen und Böden, deren Zusammensetzung oder Aufbau Aufschluss über die Umweltverhältnisse der letzten Jahrtausende geben. Archäologische Befunde belegen darüber hinaus die Adaptionsbemühungen der präkolumbischen frühen Gesellschaften.

Auf der Südhalbkugel setzte die Erwärmung zum Ende der letzten Kaltzeit schon vor ca. 19.000 Jahren ein (Kiefer und Kienast 2005). In der Folge wurde es in Südperu entlang des ca. 80 km breiten, auch heute wieder wüstenhaften Küstenstreifens entlang des Pazifiks immer humider, sodass vor ca. 13.000 Jahren bereits wieder Kakteen in der vormaligen Wüste wuchsen (Mächtle et al. 2010). Dies war in einer Zunahme des Transports von Feuchte aus dem Amazonasbecken über die Anden begründet, weil sich die atmosphärische Zirkulation intensivierte. Im Zuge zunehmend feuchterer Bedingungen stellte sich anschließend eine Gras- und Krautvegetation ein, der Wüstenrand verlagerte sich einige Zehner von Kilometern in Richtung der Küste. Die Pflanzendecke fixierte Staubablagerungen, sodass bis über 0,5 m mächtige Wüstenrandlösse entstanden. Funde von Schnecken, die in der Halbwüste bis Grassteppe leben, bestätigen die Humidisierung hin zu semiariden Umweltverhältnissen mit Lössaufbau zu Beginn des Holozäns (Eitel et al. 2005). Besonders begünstige Standorte waren mit Beginn der globalen Abkühlung nach dem holozänen Wärmeoptimum die Flussoasen, die sich aus den reichlichen Niederschlägen des Andenhochlandes speisten. Aus dieser Zeit stammen die ältesten Spuren einer (zeitweiligen?) Sesshaftigkeit. In der Siedlung Pernil Alto (3800–3000 v. Chr.; Gorbahn 2013) fanden sich Spuren von Ackerbau, außerdem wurde das damals reichlich vorhandene Wild gejagt. Die Parallelen zu den Entwicklungen in den Flussoasen der Alten Welt sind unübersehbar. Wenig später, ab etwa 4000 Jahren vor heute, setzte ähnlich wie in der Sahara eine starke Aridisierung ein, die Graslandschaft verschwand, die Lösssedimentation endete und die Wüste dehnte sich wieder aus (Eitel et al. 2005).

Die Flussoasen reagierten dabei weit weniger sensitiv als das Wüstenrandgebiet, da sie weiterhin von (ebenfalls abnehmenden) Niederschlägen im Hochland der Anden gespeist wurden. Deshalb waren sie auch nach Verschwinden der Graslandschaft für eine intensive Bewässerungslandwirtschaft im warmen Andenvorland bevorzugte Standorte. Hochflutlehme dokumentieren die monsunal gesteuerten jährlichen Hochwässer. Parallelen zur Niloase drängen sich auf. Noch zwischen 840 v. Chr. und 640 n. Chr. (Unkel et al. 2012) gab es ausreichend Wasser, sodass sich die stark ausdifferenzierten Kulturen der Paracas und Nasca entwickeln konnten. Sie unterhielten Handelsbeziehungen entlang der Küste und ins Hochland, gewannen Gold und gingen auf Fischfang. Doch eine abnehmende Wasserführung ließ die Menschen gegen Ende der Nasca-Zeit ihre Siedlungen immer näher in Richtung der andinen Quellen rücken (Mächtle 2007; Sossna 2014).

Um 640 n. Chr. beschleunigte sich die Aridisierung dramatisch. Die Niederschläge aus dem Amazonasbecken gingen weiter zurück. Damit trat auch im Hochland weniger Niederschlag auf und die Flussoasen fielen häufiger trocken. Für den jahrtausendelang praktizierten Bewässerungsfeldbau fehlte nun die Grundlage, die Resilienzschwelle des Landnutzungssystems wurde überschritten und die Nahrungsmittelproduktion reichte nicht mehr aus. Im Hochland ersetzten trockenheitsangepasstere Sträucher mehr und mehr die Gräser (Schittek et al. 2015). Der Mensch musste sich anpassen, der hygrisch bedingte Ökosystemwechsel zwang zu einer ebenso radikalen Maßnahme: der Migration flussaufwärts ins Hochland. Die vorher auf Bewässerungsfeldbau aufbauende Versorgung vor allem mit Mais und der Baumwollanbau waren unter den Hochlandbedingungen stark eingeschränkt, sodass neben dem Kartoffelanbau die Weidewirtschaft im kühlen, steilen Andenhochland zunehmende Bedeutung errang. Der Mensch passte sich räumlich und wirtschaftlich an. Die Hochlandgrasländer der Puna boten damit einen Rückzugsraum, der zwar stets feuchter war, hier in Höhen von ca. 3000 bis über 4000 m ü. M. jedoch durch den Ungunstfaktor Kälte nur einen zweitklassigen Gunstraum für eine menschliche Besiedlung bot.

Als nach 1150 n. Chr. wieder feuchtere Verhältnisse herrschten, passten sich die Menschen dem sofort an: Sie besiedelten die wieder wasserreichen Flussoasen am warmen Andenfuß, und es entwickelte sich dort die Kultur der sog. „Späten Zwischenperiode". Die Migranten brachten die traditionelle Steinbauweise des Hochlandes mit, wo die älteren, traditionellen Adobe-Bauten der Küstenwüste schnell ein Opfer der Niederschläge geworden wären. Ihre Strategie zur Nutzung der natürlichen Ressourcen stellte sich wieder standortsgerecht auf Bewässerungsfeldbau um. Die Einwanderung einer Hochlandsbevölkerung in die Tieflandsoasen ist auch durch genetische Untersuchungen eindeutig belegt (Fehren-Schmitz et al. 2014). Diese letzte Blütephase einer präkolumbischen Küstenkultur fällt in die Phase des Mittelalterlichen Wärmeoptimums, das (auf der Nordhalbkugel) von ca. 950 bis 1450 n. Chr. andauerte. Aus einer Dürrephase zum Ende des 13. Jahrhunderts stammen Anlagen zur Wasserernte („water harvesting"), die den Khadin-Anlagen vom Rande der indischen Thar-Wüste gleichen (Mächtle et al. 2012, Abb. 3). Hier gab das erlebte Ausbleiben von Niederschlägen den Anstoß, bislang ungenutzte Wasserressourcen verfügbar zu machen, ganz unabhängig von der Entwicklung jenseits des Äquators.

Im 15. Jahrhundert, mit der Kleinen Eiszeit, fand diese Feuchtphase am Wüstenrand wieder ihr Ende. Erneut waren die Menschen zum Verlassen der Region gezwungen, die Eroberung durch die Spanier veränderte zusätzlich die Situation. An der Andenwestflanke in Südperu ist aber geradezu exemplarisch zu zeigen, wie hygrische Fluktuationen die Menschen immer wieder zu Adaptionen oder Wanderungen gezwungen und schubweise die Kulturentwicklung angestoßen haben, und dies in allen Bereichen des Lebens über Agrar- und Wasserbautechniken bis hin zur Herstellung innovativer Keramik, feinstem Schmuck und besonderen religiösen Handlungen, wie der Anlage der weltberühmten Geoglyphen der Region. Der Mensch versuchte sich immer wieder an die sich verändernden Rahmenbedingungen optimal anzupassen, das heißt als Teil eines nachhaltigen stabilen Mensch-Umwelt-Systems zu agieren. Hygrische Fluktuationen waren äußere Einflussfaktoren, die im 7. und 15. Jahrhundert n. Chr. das System am Andenfuß zum Zusammenbruch brachten.

Die beschriebenen Entwicklungen finden sich in der Mensch-Umwelt-Beziehung der (uns viel besser vertrauten Geschichte der) Alten Welt vielfach wieder. Da rein geographisch eine kulturelle Diffusion ausgeschlossen werden kann, haben sich die Prozesse offensichtlich *unabhängig* voneinander in ähnlicher Weise abgespielt. Dieser Befund ist ein wichtiger Beleg für den systemischen Zusammenhang von Gesellschafts- und Umweltentwicklung und stützt den neodeterministischen Ansatz. Im folgenden Abschnitt soll dies anhand einiger Beispiele kurz dargestellt werden.

Hypothese 4

Das neodeterministische Paradigma (i. S. v. Issar u. Zohar 2004) erlaubt Mensch-Umwelt-Wechselwirkungen im Rahmen eines Mensch-Umwelt-Systems zu verstehen.

2

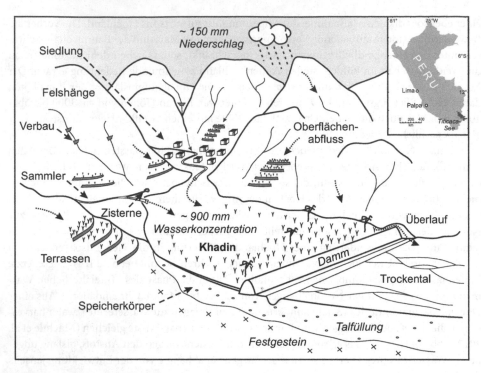

□ **Abb. 3**   Khadin nahe der Stadt Palpa als Anpassung an eine Dürrephase an der peruanischen Küste gegen Ende des 13. Jahrhunderts (Mächtle et al. 2012). Durch bauliche Maßnahmen zur Wasserkonzentration ließen sich bei 150 mm Jahresniederschlag 90 Liter/m^2 Wasser ernten. Damit konnte auf den Khadin-Flächen Ackerbau betrieben und Trinkwasser gewonnen werden

Fazit

Die Mensch-Umwelt-Beziehungen in klimatisch sensitiven Wüstenrandgebieten der Erde sind ein Beleg für die Relevanz des neodeterministischen Ansatzes. Dies zeigen viele weitere Beispiele, wie auch die Entstehung und der Kollaps der Kultur der Anasazi, der Vorläuferin der Pueblo-Kultur in Neu-Mexico (Axtell et al. 2002) oder die Entstehung der großen Stadtkulturen an Euphrat und Tigris (Issar und Zohar 2004). Es wird auch deutlich, dass die Reaktion von menschlichen Gemeinschaften auf klimatische Veränderungen stark von ihrer Landnutzungsstrategie bestimmt wird. Sesshafte (Ackerbau-)Kulturen sind zur Adaption durch Innovation gezwungen, mobile Jäger und Sammler reagieren eher durch Migration, wie beispielsweise der Rückzug der Aborigines aus dem während des Mittelalterlichen Wärmeoptimums trockeneren Südosten Australiens zeigt (Holdaway et al. 2010). Daraus leitet sich folgende Erkenntnis ab: *Mensch und Umwelt sind Teile eines komplexen Mensch-Umwelt-Systems, einen einseitig singulären Determinismus gibt es nicht. Vielmehr muss die Gesellschaftsentwicklung in einem geographisch abgegrenzten Raum stets mit Blick auf das dort zeitgleich gegebene Ressourcenangebot, die Resilienz des Gesamtsystems und die Adaptionsfähigkeit des wirtschaftenden Menschen an laufende, von außen oder innen angestoßene Veränderungen betrachtet werden.*

Für die Wüstenrandgebiete gilt eine besondere Sensitivität gegenüber Feuchteschwankungen und daraus folgernd eine höhere Verwundbarkeit des Menschen bzw. menschlicher Gemeinschaften durch schnellere und tiefgreifendere naturräumliche Veränderungen als anderswo. Deshalb treten gesellschaftliche Veränderungen dort häufiger auf als in Systemen höherer Resilienz und Resistenz. Dies schließt jedoch keinesfalls aus, dass auch vergleichsweise stabile Mensch-Umwelt-Systeme kollabieren können. Umgekehrt kann gerade in sensitiven Gebieten eine nicht nachhaltige Bewirtschaftung durch den Menschen der interne Auslöser von Krisen sein, ohne dass es dazu einer von außen einwirkenden Klimaänderung bedarf. Dieser Umstand zeigt auf, dass die Mensch-Umwelt-Forschung auch unter dem Gesichtspunkt aktueller Entwicklungen im Zuge der globalen Erwärmung und der stetig steigenden Weltbevölkerung von hoher gesellschaftlicher Relevanz ist. Noch ist zu wenig bekannt, wie Sozialsysteme unter den heutigen globalen Interaktionen und in sehr komplexen Industriegesellschaften funktionieren. Es ist eine der großen interdisziplinären Herausforderungen. Wir sollten begreifen, dass Mensch-Umwelt-Systeme einem ständigen Wandel unterliegen, auch heute. Vielleicht müssen wir in einer globalisierten Welt mit der ganzen Erde ein Mensch-Umwelt-System bilden. Adaptionsprozesse betreffen alle und überall, wenn auch nicht überall gleich.

Literatur

Axtell RL, Epstein JM, Dean JS, Gumerman GJ, Swedlund AC, Harburger J, Chakravarty S, Hammond R, Parker J, Parker M (2002) Population growth and collapse in a multiagent model of the Kayenta Anasazi in Long House Valley. Proc of the Natl Acad of Sci 99(suppl 3):7275–7279

Eitel B (2007a) Kulturentwicklung am Wüstenrand. In: Wagner GA (Hrsg) Einführung in die Archäometrie. Springer, Berlin Heidelberg New York, S 301–319

Eitel B (2007b) Wüstenrandgebiete in Zeiten globalen Wandels. In: Ökologie der Tropen. Bayreuther Kontaktstudium Geographie, Bd. 4. Verlag Naturwissenschaftliche Gesellschaft Bayreuth e. V., Bayreuth, S 143–158

Eitel B (2008) Wüstenränder. Brennpunkte der Kulturentwicklung. Spektrum Wiss 05/2008:70–78

Eitel B, Hecht S, Mächtle B, Schukraft G, Kadereit A, Wagner G, Kromer B, Unkel I, Reindel M (2005) Geoarchaeological evidence from desert loess in the Nazca-Palpa region, southern Peru: Palaeoenvironmental changes and their impact on Pre-Columbian cultures. Archaeometry 47(1):137–158

Fehren-Schmitz L, Haak W, Mächtle B, Masch F, Llamas B, Cagiga ET, Sossna V, Schittek K, Isla Cuadrado J, Eitel B, Reindel M (2014) Climate change underlies global demographic, genetic, and cultural transitions in pre-Columbian southern Peru. Proc Natl Acad Sci 111(26):9443–9448

Gorbahn H (2013) The Middle Archaic site of Pernil Alto, southern Peru: The beginnings of horticulture and sedentariness in Mid-Holocene conditions. Diálogo Andino 41:61–82

Hard G (2011) Geography as ecology. In: Schwarz A, Jax K (Hrsg) Ecology Revisited. Springer, Berlin Heidelberg, S 351–368

Holdaway SJ, Fanning PC, Rhodes EJ, Marx SK, Floyd B, Douglass MJ (2010) Human response to Palaeoenvironmental change and the question of temporal scale. Palaeogeogr Palaeoclimatol Palaeoecol 292(1):192–200

Issar A, Zohar M (2004) Climate Change – Environment and Civilization in the Middle East. Springer, Berlin Heidelberg

Kiefer T, Kienast M (2005) Patterns of deglacial warming in the Pacific Ocean: a review with emphasis on the time interval of Heinrich event 1. Quat Sci Rev 24(7):1063–1081

Kuper R, Kroepelin S (2006) Climate-controlled Holocene occupation in the Sahara: Motor of Africa's evolution. Science 313(5788):803–807

Mächtle B (2007) Geomorphologisch-bodenkundliche Untersuchungen zur Rekonstruktion der holozänen Umweltgeschichte in der nördlichen Atacama im Raum Palpa/Südperu. Heidelb Geogr Arb 123:258

Mächtle B, Eitel B (2013) Fragile landscapes, fragile civilizations – how climate determined societies in the pre-Columbian south Peruvian Andes. Catena 103:62–73. doi:10.1016/j.catena.2012.01.012

Mächtle B, Ross K, Eitel B (2012) The Khadin water harvesting system of Peru – an ancient example for future adaption to climatic change. In: Rausch R, Schüth C, Himmelsbach T (Hrsg) Hydrogeology of Arid Environments Proceedings. Gebr. Borntraeger, Stuttgart, S 76–80

Mächtle B, Unkel I, Eitel B, Kromer B, Schiegl S (2010) Molluscs as evidence for a late Pleistocene and early Holocene humid period in the southern coastal desert of Peru (14° S). Quat Res 73(1):39–47

McDougall I, Brown FH, Fleagle JG (2005) Stratigraphic placement and age of modern humans from Kibish, Ethiopia. Nature 433(7027):733–736

Schittek K, Forbriger M, Mächtle B, Schäbitz F, Wennrich V, Reindel M, Eitel B (2015) Holocene environmental changes in the highlands of the southern Peruvian Andes (14° S) and their impact on pre-Columbian cultures. Clim Past 11:27–44. doi:10.5194/cp-11-27-2015

Sossna V (2014) Impacts of climate variability on Pre-Hispanic settlement behaviour in South Peru – the northern Rio Grande drainage between 1500 BCE and 1532 CE. Dissertation. Christian-Albrechts-Universität, Kiel (309 S)

Unkel I, Reindel M, Gorbahn H, Isla Cuadrado J, Kromer B, Sossna V (2012) A comprehensive numerical chronology for the pre-Columbian cultures of the Palpa valleys, south coast of Peru. J Archaeol Sci 39(7):2294–2303

Wie alarmierend sind Veränderungen in der Häufigkeit von Organismen?

Josef H. Reichholf

B. Herrmann (Hrsg.), *Sind Umweltkrisen Krisen der Natur oder der Kultur?*,
DOI 10.1007/978-3-662-48139-4_3, © Springer-Verlag Berlin Heidelberg 2015

Alles wird schlechter – oder?

Global Change ist das Problem unserer Zeit. Und die Veränderungen gelten in aller Regel als Verschlechterungen. Die Medien bekräftigen dies mit den Katastrophen, über die sie nahezu täglich berichten. Wie zuverlässig die zugrunde liegenden Daten tatsächlich sind und worauf sie sich beziehen, wird nicht mehr hinterfragt. Gute Nachrichten gibt es kaum jemals, und wenn doch, gelten sie als Warnung vor dem Schlechten, das damit verbunden ist oder es sein könnte. Der (in Mitteleuropa) milde Winter 2013/14 musste „schlecht" sein, wenn schon nicht für die Menschen, die Heizkosten sparten und denen die übliche Wintergrippe erspart blieb, so doch mindestens „für die Natur", auch wenn es dafür keine Nachweise gegeben hatte. Dass die überwinternden Vögel besser als sonst durch den Engpass Winter gekommen waren, sollte dann den Zugvögeln zum Nachteil gereichen, was wiederum nicht bestätigt, sondern lediglich befürchtet wurde (Reichholf 2014c).

Wie alarmierend sind sie also, die Veränderungen in Verbreitung und Häufigkeit von Organismen? Müssen sie lediglich das mediale Bedürfnis, schlechte Nachrichten verbreiten zu können, bedienen? Woran lassen sich „wichtige" Veränderungen von unbedeutenden Schwankungen, von Fluktuationen, unterscheiden? Wie realistisch ist eine „stabile Welt", die es geben müsste, um das, was sich ändert, entsprechend darauf beziehen und beurteilen zu können? In Biologie und Ökologie sollte spätestens seit Darwin (1859) die Veränderung, die Evolution, das zentrale Thema sein, und nicht das Verharren auf einem bestimmten Zustand als Ziel. Könnte es sein, dass die scheinbare Neuentdeckung des Global Change, als alte Erkenntnis des *panta rhei* doch wohl bekannt, ein ganz anderes Bedürfnis bedient, nämlich von der stets besorgt gehaltenen Öffentlichkeit Spenden- und Forschungsmittel zu bekommen, die ansonsten für so manch reichlich triviale Fragestellung oder eigentlich anders ausgerichtete Vorhaben nicht fließen würden? Die täglichen Katastrophenberichterstattungen dienen doch auch weit mehr dem Eigeninteresse der Medien als einer objektiven Berichterstattung. Oft genug müss(t)en sie auf „halb so schlimm" reduziert werden. Somit liegt es nahe, ein ähnliches Junktim im fachlich-wissenschaftlichen Bereich zumindest als Möglichkeit anzunehmen, die es zu hinterfragen gilt, um das wirklich Wichtige vom unwichtigen Klappern, das bekanntlich zum Handwerk, auch zum wissenschaftlichen, gehört, zu sondern. Ein Beispiel mag zum Einstieg erläutern, worum es geht, auch wenn dieses nicht zur „hohen Wissenschaft" bzw. zur Hightech-Forschung gehört. Aber ausgeprägt öffentliches Interesse ist daran vorhanden, auch politisches.

Die Lage von Bayerns Vogelwelt

Den Vögeln geht es in Bayern ziemlich schlecht. Der „Roten Liste der gefährdeten Brutvögel Bayerns" zufolge (LfU 2003) sind im Freistaat 15 Vogelarten „ausgestorben oder verschollen", 31 „vom Aussterben bedroht", 24 „stark gefährdet", weitere 24 „gefährdet", 5 Arten „extrem selten mit geographischer Restriktion" und 34 stehen in der „Vorwarnliste". Zusammen machen diese 133 Spezies fast zwei Drittel aller 209 in Bayern ± regelmäßig brütenden Vogelarten aus. Zweifellos ist dies keine erfreuliche Bilanz für ein Flächenland, das wie Bayern mit seiner schönen, angeblich intakten Natur wirbt.

Doch die Lage lässt sich auch anders darstellen. Seit 1890, der ersten verfügbaren Übersicht über die Bayerische Vogelwelt (Jäckel 1891), hat die Zahl der Brutvogelarten um 19 % zugenommen und die insgesamt festgestellten Arten, also auch die Gastvögel, stiegen sogar um 31 %. Bayerns Vogelwelt ist ganz klar reichhaltiger geworden. Nun weist die „Rote Liste" des LfU (2003) zwar darauf hin, dass 13 Vogelarten als „Neozoen" in Bayern brüten und weitere 13 Arten als „Vermehrungsgäste" dazu kommen, aber diese sind offenbar (tendenziell) unerwünschte, die Bilanzierung verfälschende Bereicherungen. Ob sie das wird, hängt davon ab, ob man Arten, die sich ausbreiten und/oder neu ansiedeln, so lange als Verfälschung ansieht, bis man sich an ihr Vorhandensein gewöhnt hat oder akzeptiert, dass ein Großteil des jeweils vorhandenen Artenspektrums in der Kulturlandschaft irgendwann Neuankömmling (Neozoen bzw. Neophyten im Fall der Pflanzen) war. So etwa die Feldlerche, das Rebhuhn, die Kornblume und sehr viele weitere Tier- und Pflanzenarten, die mit den Umgestaltungen der einstigen Naturlandschaft durch Ackerbau und Viehzucht und die vielen weiteren Veränderungsmaßnahmen, wie Wasserbau, Trockenlegung von Feuchtflächen, Siedlungs- und Städtebau etc. aus anderen Regionen zuwanderten und hier „heimisch" wurden. Ein „ökologisch richtiger Zustand" lässt sich nicht angeben. Daher fehlt die Basis für eine hinreichend objektive Beurteilung der Veränderungen, qualitativ (Arten-Zusammensetzung) wie quantitativ (Häufigkeiten). Erstrebenswerte, von Naturschützern oder Naturnutzern als richtig eingestufte Zustände, bilden nichts weiter als Zielvorstellungen, die sich aus der jeweiligen Interessenlage ergeben. Sie haben wenig, bis nichts damit zu tun, wie Natur von Natur aus sein soll. Zudem fallen die Sichtweisen der Schützer und Nutzer fast immer höchst unterschiedlich aus.

Mit Bezug auf das Ende des 19. Jahrhunderts, als die erste Übersicht über die Vögel Bayerns erschien (Jäckel 1891), kommt etwas zum Ausdruck, was allzu häufig unbeachtet bleibt, nämlich dass das Ausmaß von Veränderungen stets davon abhängt, auf welche Zeitspanne und auf welchen Raum es sich bezieht. Die Wahl von Raum und Zeitraum nimmt maßgeblich Einfluss auf das Ergebnis. Analysen der Gründe der Veränderungen (Kausalanalysen) haben diese Rahmenbedingungen vorrangig zu berücksichtigen. Eine in seiner Augenfälligkeit geradezu banale, für die Beurteilung der Entwicklung von Vorkommen und Häufigkeit der Vögel in Deutschland (und damit auch in Bayern) aber höchst wirkungsvolle Änderung der Rahmenbedingungen ergab die deutsche Wiedervereinigung. Dem geänderten Flächenbezug ist es zuzuschreiben, dass Deutschland seit 1990 zu den Ländern mit den größten nationalen Beständen von See- und Fischadlern, Kranichen und vielen weiteren ansonsten raren Tierarten zählt. Bis zur deutschen Wiedervereinigung hatte es in der (alten) Bundesrepublik lediglich ein oder zwei Brutpaare Fischadler und kaum eine Handvoll Seeadler gegeben. Letzterer bringt es nunmehr auf über 650 Paare in Deutschland, und auch die Fischadler kommen in ähnlichen Mengen vor. An Kranichen sind es über 6000 Brutpaare (aktualisierte Angaben werden in regelmäßigen Zeitabständen von BirdLife International veröffentlicht; www.dda-web.de). Verdankt wird diese Wendung zum Positiven primär der geänderten (staatlichen) Bezugsbasis, so geht das wohl spektakulärste Comeback einer Art, die rund ein Jahrhundert lang „im Westen" ausgerottet war und nur in einem kleinen Bestand in Ostdeutschland überlebte, auf aktive Wiedereinbürgerung zurück. Es ist dies der Biber. Weniger als 200 hielten sich in der DDR an der Elbe zwischen Dessau und Magdeburg. Dank der Wiedereinbürgerungen von Bibern aus Schweden seit 1970 gibt es in Westdeutschland jedoch weit mehr als in Ostdeutschland; allein in Bayern über 20.000. Seit mindestens dem letzten halben Jahrtausend existierten keine auch nur annähernd so großen Biberbestände wie gegenwärtig in Mitteleuropa.

Derzeit breiten sich Wölfe von Osten her, aus Polen vor allem, aber auch über Österreich von Italien und Slowenien her nach Deutschland aus. Im Winter 2015 wird von mehr als 200 im Land lebenden Wölfen ausgegangen. Ob dies nun alarmierend viele sind und die medial verbreitete „Wolfshysterie" rechtfertigt, oder noch viel zu wenige für dauerhaft überlebensfähige Bestände, hängt von der persönlichen Haltung der (zumeist gar nicht Betroffenen) ab. Implizit gehen offenbar viele Menschen von etwas aus, das man als „Grundrecht auf eine ungefährliche Natur" (Herrmann und Woods 2010) bezeichnen könnte, in der keine „wilden Tiere" den Naturgenuss stören. Unberücksichtigt bleibt speziell in der öffentlichen Diskussion über die Rückkehr der Wölfe, dass die Millionen in Deutschland lebenden Hunde, genetisch als Art ununterscheidbar von diesen, auch Wölfe sind. Von den alljährlich zigtausenden Hundebissen enden in Deutschland manche durchaus tödlich. Der Hund wird deshalb dennoch nicht grundsätzlich infrage gestellt, auch nicht, wenn es um Kampfhunde geht, deren Zucht weiterhin erlaubt bleibt. Allenfalls wird ein behördlich nicht weiter kontrollierter Leinenzwang verordnet.

Allein diese wenigen, beliebig herausgegriffenen Beispiele rechtfertigen die Frage, wie alarmierend denn Veränderungen in der Häufigkeit von Organismen tatsächlich sind. Die nachfolgende, gedrängte Analyse eines anders gelagerten Fallbeispiels soll nicht nur vertiefen, sondern auch die Art der Frage(n) verdeutlichen. Es entstammt der eigenen, in den 1970er-Jahren von der DFG geförderten Forschung zur Ökologie der Stauseen am unteren Inn, insbesondere der dort vorkommenden Wasservögel. Wie nachfolgend ausgeführt wird, eignet es sich als Beispiel durchaus für entsprechende Verallgemeinerung.

Änderungen in der Häufigkeit der Wasservögel im internationalen Naturschutzgebiet „Unterer Inn"

Die Stauseen am unteren Inn im bayerisch-oberösterreichischen Grenzgebiet südlich von Passau sind als „Feuchtgebiet von internationaler Bedeutung" gemäß der „Ramsar-Konvention" von 1971 und als „Europareservat" ausgewiesen. Große Teile des Gesamtgebietes von der Mündung der Salzach bis zur Mündung der Rott (rund 50 Flusskilometer Länge) wurden deutscher-, wie auch österreichischerseits als Naturschutzgebiete ausgewiesen. Die Jagd ist stark eingeschränkt bzw. auf Wasservögel ganz verboten. Die (angel)fischereiliche Nutzung geht bayerischerseits uneingeschränkt, österreichischerseits mit Beschränkungen (nur außerhalb der Brutzeit der Wasservögel) weiter. Weitgehend untersagt ist im Schutzgebiet der Erholungsbetrieb. Es herrschen also vergleichsweise günstige Lebensbedingungen für die Wasservögel, deren Vorkommen und (außergewöhnliche) Häufigkeiten Hauptgrund für die Unterschutzstellung gewesen waren. Die ökologischen Untersuchungen in den 1960er- und 1970er-Jahren hatten ergeben, dass im Jahreslauf etwa eine Viertelmillion Wasservögel die Stauseen am unteren Inn aufsuchte (Reichholf 1976, 1993). Doch nachdem die Stauseen

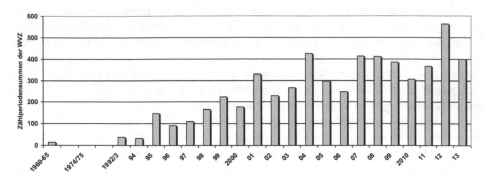

Silberreiher WVZ Unterer Inn

◘ Abb. 1   Entwicklung der Häufigkeit der Silberreiher *Egretta alba* am unteren Inn (Daten der Internationalen Wasservogelzählungen; aus Reichholf 2014a)

weitgehend unter Naturschutz gestellt waren, gingen die Mengen der meisten Wasservögel anhaltend zurück und stabilisierten sich auf niedrigem Niveau, während einige Arten stark zunahmen, die anfangs große Seltenheiten gewesen waren. So die Silberreiher, die von vereinzelten Sichtungen in den 1960er- und 1970er-Jahren (damals als „Irrgäste" eingestuft) auf Winterbestände anstiegen, die bei den monatlichen Internationalen Wasservogelzählungen (September bis April) Summen von 400 bis über 500 Silberreiher ergeben. Die Tauchenten hingegen waren besonders stark zurückgegangen: von mehreren Zehntausend pro Winter auf wenige Hundert, was wenigen Prozent der früheren Mengen entspricht (Abb. 1 und 2). Aus den Befunden, die die Veränderungen über bereits mehr als ein halbes Jahrhundert dokumentieren, lassen sich ganz nach Belieben (statistisch) signifikante Zu- oder Abnahmen herauslesen und nach Bedarf verwenden. So etwa, dass die aus dem Südosten stammenden Silberreiher in den letzten Jahrzehnten häufig geworden sind (Abb. 1) und damit den Erwartungen zur Klimaerwärmung entsprechen (Burton 1995). Doch die noch viel ausgeprägter als wärmebedürftig einzustufenden Rotkopfwürger, Schwarzstirnwürger, Haubenlerchen, Beutelmeisen

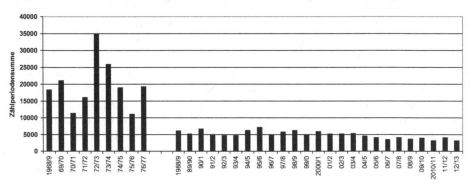

WVZ unterer Inn: Reiherenten *Aythya fuligula*

◘ Abb. 2   Rückgang der Tauchenten am Beispiel der Reiherente *Aythia fuligula* im Vogelschutzgebiet Unterer Inn (Europareservat). Ergebnisse der Internationalen Wasservogelzählungen (aus Reichholf (1995), ergänzt)

und der Wiedehopf sind während der Zunahme der Silberreiher als Brutvögel aus dem Gebiet verschwunden. Sie kommen als Durchzügler gar nicht mehr oder nur noch höchst selten vor. Bis in die 1960er- oder 1970er-Jahre gab es von ihnen am unteren Inn, wie auch andernorts in Südbayern, Brutvorkommen. Ihr Verschwinden ließe sich, wie das vieler Schmetterlinge und das Seltenwerden zahlreicher Insektenarten, als „Beweis" gegen die Klimaerwärmung anführen. Tatsächlich breiteten sich in den letzten Jahrzehnten zahlreiche Arten aus, die in feuchtkühlen Habitaten leben.

Ohne hinreichend genaue, auf die spezifischen Lebensansprüche der Arten bezogene Analysen der Gründe für die Zu- oder Abnahmen lassen sich daher nicht einmal bei sehr ausgeprägten, auch ohne statistische Feinanalyse ganz klaren Tendenzen keine wissenschaftlich haltbaren Schlussfolgerungen ziehen. Was also waren/sind die Faktoren, die im Vogelschutzgebiet am unteren Inn die starken, jedoch einander gegenläufigen Veränderungen verursachten?

Strukturelle Veränderungen

Wie alle Stauseen verlanden auch die 1942/44 bzw. 1953 und 1961 fertiggestellten Stauseen am unteren Inn. Die Auffüllung der Staubecken bis zum hydrologischen Gleichgewicht zwischen (anfänglicher) Sedimentation und (später wieder zunehmender) Erosion verlief aufgrund der extrem hohen sommerlichen Schwebstofffracht, die der Inn führt, außerordentlich schnell. Sie nahm pro Stausee nur 10 bis 15 Jahre in Anspruch. Die mittlere Jahresfracht der „Gletschermilch" bewegt sich um die drei Millionen Tonnen Feinsediment; in Hochwasserjahren sind es beträchtlich mehr (Reichholf 1993). Der Inn, der wie alle größeren und großen Flüsse Mitteleuropas im 19. Jahrhundert begradigt, de facto zum Kanal gemacht worden war, floss vor der Errichtung der Staustufen mit erhöhter Strömungsgeschwindigkeit und tiefte sich dementsprechend stark ein. Die Abbremsung der Fließgeschwindigkeit auf 0,5, bei geringer Wasserführung auch nur 0,2 m/s setzte die Sedimentation in Gang. Mit zunehmender Auffüllung der Staubecken musste die Fließgeschwindigkeit wieder zunehmen, bis sich die früheren Verhältnisse im unregulierten Fluss ungefähr eingestellt hatten; das dynamische „hydrologische Gleichgewicht". Innerhalb von einem Jahrzehnt nach dem Aufstau veränderten sich infolgedessen die Stauseen vom anfänglich nur schwach durchströmten Typ des Sees hin zum Fluss mit Lagunen, Inseln und Seitengewässern, also ganz im Sinne einer Renaturierung. Die Wasservögel und alle übrigen Organismen waren gezwungen, auf diese strukturellen Veränderungen zu reagieren. Denn ihre artspezifischen Lebensräume verschoben sich entsprechend vom Seen- zum Fließgewässercharakter quantitativ sehr stark. Aus tieferen „Tauchentenseen" entstanden Seitenarme mit Inseln und flachen Ufern, die für die sogenannten Schwimm- oder Gründelenten günstiger waren, bis auch die Flachwasserzonen mit weiterer Verlandung schrumpften und an vielen Stellen verschwanden.

Die in Abb. 2 an der Reiherente dargestellte Abnahme der Entenmengen der ökologischen Tiefenzone kam zu den Zugzeiten und im Winter zustande. Doch da auch die Mengen der an den flachen Ufern Nahrung suchenden Vögel, der sogenannten Limikolen (Strand- und Wasserläufer) stark abgenommen hatten, obwohl diese speziellen Habitatstrukturen mit fortschreitender Verlandung zunächst beträchtlich zunahmen, konnten strukturelle Veränderungen nicht alleinige Ursache der Abnahme und der Häufigkeitsverschiebungen der Wasservögel gewesen sein.

Veränderungen im trophischen Zustand

Strukturen und mögen sie auch noch so günstig aussehen, bilden letztlich nur Rahmenbedingungen für die Existenz von Lebewesen. Über die Häufigkeiten entscheiden die Mengen an Nahrung. Das gilt für Tiere, Pflanzen und Mikroben gleichermaßen. Bei den Pflanzen bestimmen die mineralischen Nährstoffe (Nährsalze) die Produktivität der Bestände; im Gewässer besonders auch die Verfügbarkeit von Licht. Bei den Tieren und (nicht-autotrophen) Mikroben stehen die organischen Stoffe an der Basis der Bestandsproduktivität. Im Fließgewässer fallen Letztere in der Regel als „Abfall" (als organischer Detritus) an. Dieser Detritus stammt von den Pflanzenbeständen an den Ufern im Einzugsgebiet, kommt also vorwiegend aus der Flussaue. Ebenfalls natürlicherweise gelangen tierische Exkremente in die Fließgewässer, jedoch in ungleich geringerem Maße als das früher durch Weidevieh und Abwässer der Menschen viele Jahrhunderte lang geschah. Der ökologischen Einstufung zufolge sind Flüsse „heterotrophe Systeme", also „fremdernährt" und nicht „selbsternährt" (autotroph), wie Seen mit Produktion von Phytoplankton und Wasserpflanzen. Autotrophe Verhältnisse gibt es in den Stauseen am unteren Inn flächenmäßig nur in geringen Anteilen, wo Lagunen und größere Buchten von der Hauptströmung abgetrennt sind. Mit zunehmender Verlandung nahmen solche Nebengewässer in den Stauseen stark ab. Dafür stieg jedoch der pflanzliche Bestandsabfall (Laub, auch von Bibern gefällte Bäume) an, weil sich neue Auwälder auf den Inseln entwickelten und den Schwund der flachen Buchten mit Unterwasserpflanzen ausglichen. Die auf organischem Detritus basierenden Nahrungsketten müssten somit die Mengen der sie nutzenden Wasservögel in etwa unverändert gehalten haben. Das ist jedoch nicht der Fall (Abb. 2). Die starken Rückgänge fanden zudem in einer Zeit statt, in der die Verlandung kaum noch weiter zugenommen hatte (Abb. 3). Sie betrafen nicht nur die Wasservögel, sondern auch Mauersegler und Großmuscheln (Abb. 4) sowie die Fische, und das, obwohl letztere durch die Verbesserung der Wasserqualität sogar günstigere Lebensbedingungen bekommen haben sollten. Denn es gibt im Innwasser keinen Mangel an Sauerstoff mehr und kein Fischsterben, wie es durch zu starke Sauerstoffzehrung verursacht wird.

Doch genau darin steckt das „Problem": Mit der Inbetriebnahme moderner, leistungsfähiger Abwasserreinigungsanlagen im gesamten Einzugsgebiet des Flusses stieg zwar die Wasserqualität vom vordem kritischen (III–IV) und stark belasteten Zustand (Güteklasse III) auf die für einen großen, wasserreichen Fluss praktisch bestmögliche Güteklasse II. Mit der Verbesserung nahmen die organischen Reststoffe aus dem Abwasser entsprechend stark ab (Abb. 4).

Die außerordentliche biologische Produktivität des Bodenschlamms beruhte aber auf den großen Mengen an organischem Detritus aus den Abwässern. Dieser ermöglichte das Zustandekommen einer Frischbiomasse an Zuckmücken- und Eintagsfliegenlarven sowie Schlammröhrenwürmern und Kleinmuscheln, (Macrozoobenthos) von 1 bis 3 kg pro Quadratmeter. Die Tauchenten ernährten sich im Winterhalbjahr davon. Dabei verminderten sie diese Kleintier-Biomasse auf etwa 10 % des spätsommerlichen oder herbstlichen Höchststandes. Mit dieser Intensivnutzung kam dank der weiterhin zuströmenden organischen Detritusmengen jeweils der nächste Produktionszyklus in ähnlicher Höhe zustande. Die überreich vorhandenen organischen Reststoffe nutzen auch die Großmuscheln. Sie entwickelten Bestandsdichten von über 30 ausgewachsenen Exemplaren pro Quadratmeter. Dazwischen kamen Kleinmuscheln zu Tausenden/m^2 vor. Entsprechend gut waren die Nahrungsverhältnisse für die Fische, weil das Macrozoobenthos auch „Fischnährtiere" bedeutet (Abb. 5). Die Abnahme der Fischfänge,

Auflandung der Stauseen → Rückgang der Entenmengen

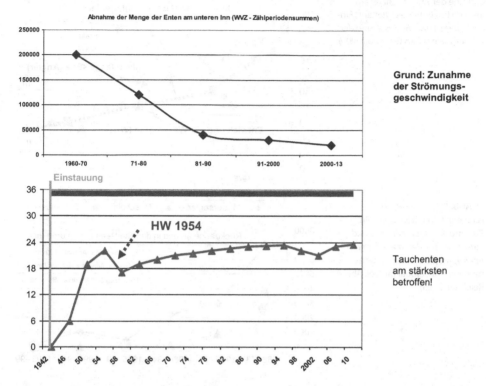

Abb. 3 Auflandung des Stausees Ering-Frauenstein am unteren Inn durch Sedimentation der Schwebstoffführung des Inns und Abnahme der Entenbestände zu den Zugzeiten und im Winter (*HW* Extremhochwasser 1954, das stärkste des 20. Jahrhunderts)

der Großmuscheln und der Wasservögel entspricht also der Verbesserung der Wasserqualität (Abb. 4). Die Fische kommen jedoch bei ihrer im Vergleich zu den Wasservögeln viel geringeren Stoffwechselintensität mit weit weniger tierischer Biomasse pro Quadratmeter aus. Sie profitierten während der Umstellungsphase der Wasserqualität bei für sie noch hohem Nahrungsangebot und das kam den Fische jagenden Wasservögeln zugute. Aber nur so lange, bis sich auch die Fischbestände auf das viel niedrigere Niveau eines nahrungsarmen Fließgewässers einpendelten. Seit zwei Jahrzehnten fluktuieren daher die den Ernährungsmöglichkeiten angepassten Bestände der von Fischen lebenden Wasservögel, wie Kormorane, Gänsesäger und Reiher, ohne signifikante Trends.

Aus diesen gedrängt zusammengefassten Befunden lässt sich ableiten:

— Änderungen sowohl von Struktur als auch der Wasserqualität der Stauseen verursachten bei den Wasservögeln die starken Bestandsrückgänge im Schutzgebiet am unteren Inn.

— Die Verbesserung der Wasserqualität war von der Gesellschaft gewünscht und wird mit hohen Abwassergebühren fortlaufend bezahlt.

— Die Verlandung der Stauseen war unvermeidliche Auswirkung des Aufstaus. Sie bewirkte dank breitflächiger Anlage der Stauräume und extrem starker Schwebstofffracht des Flusses eine rasche Renaturierung. Diese erzeugte „schutzwürdige" Verhältnisse aufgrund

◻ Abb. 4 Rückgang der Fangerträge der Angelfischerei am unteren Inn (umgerechnet auf „Einheitsfänge") und Verbesserung der Wasserqualität (aus Reichholf 2005)

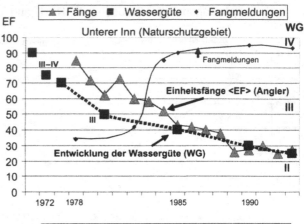

◻ Abb. 5 Rückgänge der Häufigkeit von Großmuscheln, Zuckmücken *Chironomidae* und ihren Nutzern, den Mauerseglern *Apus apus*, parallel zur Verbesserung der Wasserqualität (vgl. Abb. 4; Reichholf 2005)

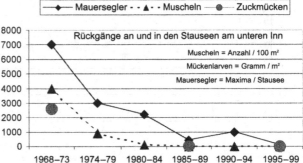

günstiger Rahmenbedingungen, die damals bei Planung und Bau der Stauseen weit weniger restriktiv bezüglich „Flächenverbrauch" gehandhabt wurden, als das gegenwärtig bei Stauseebauten der Fall ist. Die so möglich gewordenen, ausgedehnten Verlandungen schufen eine Flusslandschaft, die dem unregulierten Zustand weit näherliegt als der begradigte, im Abflussverhalten stark beschleunigte Fluss vor dem Aufstau.

- Die Stauseen hielten bislang den stärksten Hochwässern stand, sogar dem als „Jahrtausendhochwasser" geltenden von Anfang Juni 2013.
- Doch dass manche Tierarten signifikant zunahmen oder sich ganz neu ansiedelten, können Änderungen von Struktur und Trophie nicht erklären. Andere Faktoren, auch solche, die sich nicht aus „der Ökologie" des Gebietes ergeben, sind zu prüfen.

Direktes Einwirken des Menschen

Seeadler überwinterten mindestens seit Ende der 1950er-Jahre am unteren Inn alljährlich, also bereits lange vor der Unterschutzstellung der Kerngebiete. Doch erst im Winter 2008/09 blieb ein Paar, baute einen Horst und brütete erfolgreich. Zwei Jungadler flogen aus. Seither brütet das Seeadlerpaar Jahr für Jahr im Vogelschutzgebiet Unterer Inn über 40 Jahre nach dessen Unterschutzstellung. Auch wenn diese gewiss von großer Bedeutung ist, so war sie als Rahmenbedingung offensichtlich nicht der entscheidende Faktor für die Seeadler-Ansiedlung. Merkwürdigerweise kam diese zustande trotz der starken Abnahme der Fisch- und Wasservogelbestände, die als Nahrungsbasis der Adler anzusehen wären. Zweifellos fügt sich die Neuansiedlung, die dritte in Bayern, in den großen Rahmen der Bestandserholung und Ausbreitung des Seeadlers in Mitteleuropa, speziell in Deutschland (siehe Punkt 2). Dennoch müssen, wie bereits betont, vor Ort die Lebensgrundlagen gegeben sein. Dass dies der Fall ist, bestätigen die kontinuierlichen Bruterfolge von einem bis zwei flüggen Jungadlern pro Jahr. Warum kamen die Seeadler dann nicht (viel) früher, obgleich sie im nahen Südböhmen und Mähren bereits seit den 1990er-Jahren brüten? Vieles deutet darauf hin, dass erst die Entwicklung eines größeren Bestandes an Graugänsen die entscheidende Nahrungsbasis im Gebiet ergeben hatte. Die „kritische Bestandsgröße" der Gänse wurde etwa 2005/06 erreicht (Reichholf 2014b). Doch ohne den Populationsdruck erfolgreich ausgeflogener und neue Brutreviere suchender Seeadler wäre es dennoch nicht zu ihrer Ansiedlung gekommen. Somit greifen großräumige Entwicklungen und lokale Verhältnisse ineinander, wie das häufig in der Bestandsentwicklung von Großvögeln und Säugetieren der Fall ist. Überleben und Entstehung produktiver Bestände dieser Tierarten standen jahrzehntelang in enger Verbindung mit der DDR-Zeit und dem andersgearteten politischen System zur Zeit des Ostblocks. Dort war der Artenschutz bedeutend wirkungsvoller als im Westen. Die sich ausbreitenden Bestände der selten gewordenen Arten konnten allmählich in den Westen übergreifen, sofern hier Bejagung und Verfolgung dies zuließen. Nicht die „rein ökologischen" Gegebenheiten von Landschaftsstruktur und Biotopqualität entscheiden über die Lebensmöglichkeiten und Häufigkeit vieler Tier- und Pflanzenarten, sondern direkte (Bejagung, Bekämpfung) und indirekte (Düngung, Bewirtschaftung) Eingriffe der Menschen. Diesen als Ökofaktor unberücksichtigt zu lassen, macht so manche ökologische Analyse wertlos.

Die „Rückkehr der Wölfe" gehört zu diesen direkt von Menschen gesteuerten Veränderungen, wie auch die so überaus erfolgreiche Wiedereinbürgerung der Biber, die seit den 1970er-Jahren und dank des umfassenden Schutzes die Entstehung eines Gesamtbestandes ermöglichte, wie es ihn in Europa seit Jahrhunderten nicht mehr gegeben hat. Praktisch das gesamte für Biber als Lebensraum überhaupt taugliche Gewässersystem Mitteleuropas ist inzwischen (wieder) besiedelt. Bei vielen Arten, insbesondere bei den bejagten und bekämpften, sind daher die von den Menschen getätigten Eingriffe ungleich bedeutungsvoller als die vorhandenen oder sich ändernden „natürlichen" Lebensbedingungen. Wie förderlich dies für einen Grossteil des Artenspektrums sein kann, haben die Befunde zu Vorkommen und Häufigkeit von Tieren und Pflanzen in den Städten ergeben. Im Stadtgebiet von Berlin kommen zwei Drittel aller in Deutschland als Brutvögel regelmäßig vorhandenen Vogelarten auch als Brutvögel vor. Und die Menge der Stadtvögel ist so groß, dass Millionenstädte der Menschen Millionenbestände der Vögel bedeuten.

Stauseen und Städte gelten bei manchen Naturschützern als „das Ende von Natur". Diese vorurteilsbefrachtete Sicht teilen offenbar die allermeisten Tiere nicht, die aufgrund ihrer physischen Möglichkeiten in der Lage sind, selbst zu wählen. Flugfähige Arten tun sich leichter, für sie geeignete Orte/Gebiete ausfindig zu machen, als sehr ortsgebundene. Deshalb werden Vögel und Schmetterlinge seit Jahrzehnten als „Bioindikatoren" genutzt. Ihre raschen Veränderungen in Vorkommen und Häufigkeit zeigen oft schneller und vor allem integrativer als Messinstrumente sich anbahnende Entwicklungen an. Gegenwärtig wird mit Computermodellen versucht, Prognosen zu Artenveränderungen und Artenverlusten als Folge der Erwärmung des Klimas zu erstellen. Über einen örtlichen, direkt ökologischen Bezug hinaus werfen die Ergebnisse jedoch die Frage auf, wie alarmierend die errechneten Veränderungen tatsächlich sind. Als „Prognosen" oder „Szenarien" nehmen sie mitunter ganz explizit, zumindest implizit Allgemeingültigkeit in Anspruch.

Großräumige und längerfristige Veränderungen

Die Zunahme der Silberreiher (Abb. 1) ist eine großräumige Veränderung. Diese frühere Rarität der europäischen Vogelwelt nutzt nunmehr seit Jahren Mitteleuropa zur Überwinterung. Beringungsbefunden zufolge stammen viele Silberreiher von Brutkolonien in Ungarn (Reichholf 2014a). In Nordostdeutschland kam es zu ersten Bruten dieses um die Wende vom 19. zum 20. Jahrhundert in Europa fast ausgerotteten Reihers, weil sein seidenfeines Balzgefieder für die Damenhutmode hochgradig geschätzt gewesen war (Hanson 2011). Die Unterschutzstellung der Silberreiher wurde zunächst hauptsächlich im ehemaligen Ostblock wirkungsvoll. Die Bestände erholten sich langsam, dann gegen Ende des 20. Jahrhunderts immer schneller. Eine Ausbreitung nach Norden und Nordwesten setzte ein. Ähnlich verliefen die Entwicklungen der Brutbestände beim (Grauen) Kranich, See- und Fischadler, jedoch kamen diese nicht vom Südosten her, sondern von Nordosten. Schneller war nach Einstellung der Bejagung die Zunahme der Kormorane in Schwung gekommen. Gemeinsam ist diesen Arten, wie auch weiteren, die zu den „Gewinnern" der jüngsten Vergangenheit zählen, dass Bejagung und nicht etwa Schwund von geeignetem Lebensraum oder von Ernährungsmöglichkeiten den Zusammenbruch ihrer Bestände bis zum regionalen oder großräumigen Erlöschen verursacht hatte. Ihr Comeback hat insofern mit Ökologie zu tun, als der Faktor Mensch die natürlichen Umweltfaktoren absolut bestimmend überlagert hatte. Die starke Verfolgung machte die Überlebenden zudem extrem scheu, sodass sie selbst dort, wo sie eigentlich Schutz genießen (können sollten), bei Weitem nicht die Möglichkeiten nutzen konnten, die für ihre Ansiedlung vorhanden waren. Die von Menschen verursachten Störungen waren zu groß, selbst wenn den scheu gemachten Arten nicht nachgestellt wurde. Wie groß der Unterschied ausfallen kann, geht aus dem Verhalten von Vögeln und Säugetieren hervor, die sich in Städten angesiedelt haben, verglichen mit der Scheu ihrer Artgenossen draußen in der „freien Natur". In Städten leben, wie oben kurz angedeutet, zwischen der Hälfte und zwei Drittel des gesamten Artenspektrums der in Deutschland brütenden Vögel; bei Säugetieren sind es so gut wie alle Arten. Seit Jahren gibt es so große Wildtiere, wie Wildschweine, in Großstädten; mehrere Tausend allein in Berlin (Möllers 2010). Elche suchen die Vorstädte Skandinaviens auf, Wölfe durchstreifen in Rom und Bären in Siebenbürgen/Rumänien die Außenbezirke der Städte. In Berlin kommen nahezu alle heimischen Arten von Fledermäusen im Stadtgebiet vor, und dies zumeist in recht großen Beständen. Alle Arten der sogenannten Stadtnatur konfrontieren die wissenschaftliche Ökologie mit der Tatsache, dass sie in der Kunstwelt der Städte offensichtlich unter erheblich anderen Bedingungen leben können, als dies gemäß ihrer „ökologischen Nische" zu erwarten wäre. Der Nischenbegriff wurde zweifellos fachökologisch viel zu eng gefasst. Das Vorkommen in der „freien Natur" (die deshalb unter Anführungszeichen gesetzt werden muss, weil der Ausdruck eine Natürlichkeit suggeriert, die in Wirklichkeit nicht gegeben ist!) eignet sich daher nicht oder nur mit großen Einschränkungen zur Ermittlung der Ökofaktoren, deren Gesamtheit die ökologische Nische der betreffenden Arten eingrenzen (sollte). Aus guten Gründen war schon vor mehr als einem halben Jahrhundert unterschieden worden zwischen der Fundamentalnische einer Art, die alle Bedingungen umfasst, unter der sie leben und sich erfolgreich fortpflanzen kann, und der örtlich oder regional verwirklichten Realnische. Diese kann aus den unterschiedlichsten Gründen verglichen mit der Fundamentalnische (sehr) stark eingeschränkt sein. Deshalb ist es so gut wie unmöglich, zu prognostizieren, unter welchen Bedingungen und wann eine gebiets- oder regionsfremde Art invasiv werden kann/wird. Von der Vielzahl der Möglichkeiten sind eben in aller Regel nur wenige realisiert und als solche offenkundig.

Diese in der wissenschaftlichen Ökologie längst geläufige Feststellung gilt nicht nur für die von den physischen Außenbedingungen der Umwelt mehr oder weniger stark emanzipierten Säugetiere und Vögel, sondern auch für Reptilien, Amphibien und große Teile des unüberschaubaren Artenspektrums der Wirbellosen. Städte sind, wie wir seit Jahren wissen, besonders reichhaltig an Schmetterlingen, Käfern und anderen Insekten, vor allem auch an Wildbienen. Hieraus folgt, dass gegenwärtige Befunde zu Vorkommen und Häufigkeit von Arten im Freiland nicht einfach als Datengrundlage für Modellrechnungen verwendet werden können, mit denen Veränderungen vorhergesagt werden sollen, die sich aus Klimaänderungen ergeben (Elkins 1983). Das ginge nur für solche Arten, für die tatsächlich eine hinreichend enge Abhängigkeit von einem bestimmten Temperaturbereich, inklusive seiner Schwankungen, nachgewiesen ist. Solche Arten werden als stenotherm bezeichnet. Die Lehrbücher der Autökologie enthalten hierfür jedoch kaum hinreichend gesicherte Befunde (vgl. z. B. Schwerdtfeger 1963; darin auch Angaben zur Akklimatisierung von Tieren, Cossins und Bowler 1987).

Der Grund ist ebenso klar wie einfach nachzuvollziehen. Die Temperatur gehört zwar zu den Rahmenbedingungen des Lebens; sie beschleunigt oder vermindert die physiologischen Prozesse im Körper, stellt aber keinen Grundfaktor dar wie geeigneter Lebensraum, Nahrung, Feinde und Krankheiten. Letztere, die biotischen Faktoren, bestimmen maßgeblich die Netto-Reproduktionsrate (r). Und von dieser hängt es mittel- und längerfristig ab, ob sich die betreffenden Populationen vermehren und ausbreiten, mit Fluktuation halten können oder aber abnehmen und schließlich verschwinden. Die Netto-Reproduktionsrate ergibt sich als Bilanz zwischen Geburten- (b) und Sterberate (m), Zuwanderung (Immigration I) und Abwanderung (Emigration E). Gleichen die vier Teilvorgänge b − m + I − E einander aus, ist r = 0 und die Population stabil. Stabil bedeutet jedoch nicht absolut gleich bleibend, sondern lediglich, dass es für den gewählten Zeitraum keine statistisch nachweisbare Zu- oder Abnahmetendenz gibt, auch wenn die Fluktuationen von Fortpflanzungsperiode zu Fortpflanzungsperiode groß ausfallen. In der Populationsökologie werden zwei Typen von Populationsveränderungen unterschieden. Sie sind die jeweiligen Enden eines Kontinuums, nämlich K-selektierte und r-selektierte Arten. Letztere reagieren auf geringfügige Veränderungen der Lebensbedingungen rasch mit starker Vermehrung oder auch mit lokalem Bestandszusammenbruch; beides als Auswirkung starker Zuwachsraten (r). K-selektierte Arten zeigen hingegen (stark) gedämpfte Populationsschwankungen, weil bestandsinterne Prozesse des Sozialverhaltens die Wachstumsraten regulieren. Solche Arten wirken in ihren Beständen sehr ausgeglichen und „stabil". In der Regel handelt es sich bei ihnen um große Arten mit jährlich niedrigen Fortpflanzungsraten (kleine Gelege/Jungenzahlen) und längerer Entwicklungsdauer, wie z. B. die großen Adler (vgl. Lehrbücher der Populationsökologie).

Es ist daher nicht nur nicht immer leicht, sondern oft sogar sehr schwierig, den wirklichen Trend eines größeren, geografisch verteilten Bestandes zu ermitteln, weil sich dieser nicht zusammenhängend geschlossen darstellt, sondern in mehr oder minder kleine, örtliche Metapopulationen untergliedert. Das lokale Auf und Ab kann daher mit der Gesamtentwicklung übereinstimmen oder auch nicht. In nahezu allen Metapopulationen gibt es Teilpopulationen mit Überschussproduktion an Nachwuchs oder aber starken Verlusten durch zu geringe Nachwuchsrate. Besonders schwer machen die Arten des r-Typs die Trendbeurteilung, weil sie an einem Ort sehr schnell große Populationen aufzubauen imstande sind, die eine allgemeine Zunahme oder Ausbreitung suggerieren, jedoch nichts weiter als ein lokales Aufflackern ohne Bedeutung für die überregionale, mittel- und längerfristige Entwicklung sein können. Die Herausforderung besteht darin, Fluktuationen von Bestandstrends zu unterscheiden, ähnlich wie

3

◘ Abb. 6 Reaktion nachtaktiver Schmetterlinge (Lebendfang-Lichtfallenfänge) auf den Super-Sommer 2003 und nachfolgende Normalisierung (ohne Nachwirkungen) der Häufigkeit (aus Reichholf 2005)

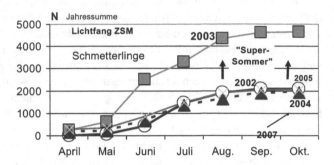

Sommer 2003:
Wirkung auf die Schmetterlinge

Viele Wärme liebende Arten profitierten, aber der Effekt hielt nicht an! Warum?

bei der Analyse der oft recht stark schwankenden Witterung, um daraus klimatische Trends ermitteln zu können.

Erschwerend kommt hinzu, dass die abiotischen Fluktuationen der Witterung wie auch deren errechenbarer Trend hin zu Klimaänderungen in aller Regel nicht den Lebenszyklen der Organismen entsprechen oder sich mit diesen hinreichend decken. So kann ein verregneter oder sehr heißer Sommer bei Kleininsekten mehrere Populationszyklen beeinflussen, für Großvögel und größere Säugetiere aber gänzlich irrelevant bleiben, wenn sich das Muster der Witterung nicht auf eine längere Serie von Jahren wiederholt. Die besondere Witterung bleibt dann, was sie im meteorologischen Sinne auch ist, nämlich eine Fluktuation. Ein Beispiel hierfür lieferte der inzwischen legendäre Hitzesommer von 2003. Aus Abb. 6 geht hervor, dass sich dieser Sommer zwar sehr markant auf die Häufigkeit nachtaktiver Schmetterlinge ausgewirkt hatte, aber ohne Nachwirkung blieb. Es flogen etwa dreimal mehr als in den Sommern davor, aber auch als in den nachfolgenden. Der für die Schmetterlinge und viele andere Insekten so außerordentlich günstige Sommer blieb eine Fluktuation.

Während also Rückgang oder Beendigung von Nachstellungen, wie die Jagd auf bestimmte Tierarten, unabhängig von den „rein ökologischen Bedingungen", nachhaltige Bestandszunahmen, Wiedererholungen und Ausbreitungen verursachen können, sind die Auswirkungen des aus den Messungen der letzten knapp 150 Jahre errechneten, statistischen Trends der Klimaerwärmung weit weniger klar, um nicht zu sagen, mehr angenommen als nachgewiesen. Der Unterschied in der Wirkung beider „Faktoren" liegt auf der Hand. Die Beendigung der Bejagung wirkt unabhängig von den fluktuierenden Außenbedingungen der Witterung oder anderer abiotischer Verhältnisse. Jagdeinstellung kann daher ohne Weiteres einen anhaltenden Trend zur Zunahme der nun nicht mehr davon dezimierten Tierart bewirken, da auch in ungünstigen Jahren keine zusätzlichen Verluste verursacht werden und in günstigen noch mehr Individuen überleben. Die Einstellung der Bejagung vermindert also die Verluste und vergrößert die Zugewinne. Sind die betreffenden Arten aber abhängig von stark fluktuierenden Außenbedingungen, verursachen diese allein schon ein Auf und Ab, das aber nicht den direkten Schwankungen etwa der Witterung folgt. Denn in den Populationen der Tierarten wirken keineswegs nur die abiotischen Faktoren begünstigend oder hemmend, sondern es kommt auch darauf an, wie es um die biotischen Einflussgrößen steht. Krankheiten, natürliche Feinde, Verknappung von Ressourcen durch zwischen- und innerartliche Konkurrenz wirken in komplexer Weise zusammen auf die Populationsdynamik. Die rein abiotischen Bedingungen bilden hierfür gleichsam nur die Bühne. Es gelang infolgedessen in lediglich sehr wenigen Fällen, Populationsentwicklungen von Tierarten im Modell so zu simulieren, dass sich daraus verlässliche Prognosen für die praktische Schädlingsbekämpfung ergaben. Anders ausgedrückt: Eine rückschauende Analyse auf die Verursachung einer bestimmten Entwicklung, etwa einer Massenvermehrung oder von zyklischen Bestandsschwankungen, kann zwar durchaus gelingen, aber entsprechend gute Prognosen für zukünftige Entwicklungen klappen kaum jemals. Dennoch gibt es eindeutige Trends in der Häufigkeit von Organismen, die zu Recht als alarmierend eingestuft werden. Sie haben jedoch nichts mit Fluktuationen zu tun, und in aller Regel auch nichts mit der gegenwärtigen Lieblingserklärung für alles, was sich in der Natur verändert, dem Klimawandel.

Die Feststellung zu Beginn von Abschn. 2, dass es den Vögeln zunehmend schlechter geht, trifft nämlich für einen recht großen Teil unserer Vogelwelt voll und ganz zu. Sie ist kein Alarmismus, wie so vieles, was über Veränderungen in der Natur verbreitet wird. Es geht dabei um die Vogelarten der Fluren und nicht die (heimische/mitteleuropäische) Vogelwelt als Ganzes. Die Flur, das Agrarland, nimmt mit etwa 55 % der Landfläche Deutschlands den bei Weitem größten Anteil an Lebensräumen ein. 30 % entfallen auf Wälder, 12 % auf Städte und Industriegebiete. Unter Naturschutz stehen kaum 2 %; das ist weniger Fläche, als es militärisches Übungsgelände bei uns gibt. Für den Naturschutz, für den Artenschutz insbesondere, sind die Truppenübungsplätze allerdings von viel größerer Bedeutung als die Naturschutzgebiete, weil sie streng abgeschlossen und von landwirtschaftlichen Nutzungen weitestgehend ausgenommen sind (Reichholf 2014d). Wo Krieg gespielt wird, geht es vielen Tieren und Pflanzen sehr gut.

Verwenden wir nun die Vögel als (Bio)Indikatoren, da sie zweifellos hinsichtlich Verbreitung und Häufigkeit der Arten die mit Abstand am besten untersuchte Gruppe von Tieren sind, ergeben sich für Zustand und Entwicklung der Natur in Deutschland ganz eindeutige Befunde für die letzten drei bis vier Jahrzehnte: In den Wäldern änderte sich wenig. Insgesamt sind dort weder positive, noch negative Trends festzustellen, obgleich es bei manchen Vogelarten der Wälder durchaus alarmierende Bestandsrückgänge gegeben hat und negative Bestandsentwicklungen weiter laufen. Sie bleiben hier unberücksichtigt, da es um Bilanzen geht. Gut gehalten haben sich die Vogelarten, die in Städten und auf Industriegeländen leben. Sie kommen dort in beträchtlich höheren Bestandsdichten vor als in den Forsten und auf dem Agrarland. Die Tendenz war in den Städten bis in die 1990er-Jahre zunehmend. Lokale Bestandsabnahmen der Vögel, die seither festgestellt worden sind, kamen durch die bauliche „Nachverdichtung" zustande, also durch die Bebauung vormaliger Freiflächen in den Städten. Für die insbesondere in Westdeutschland zumeist viel zu klein geratenen Naturschutzgebiete gilt, dass sie den Schutzzweck oft bei Weitem nicht so erfüllen, wie sie das sollten, weil die störenden und zerstörenden Nutzer privilegiert bleiben (Land- und Forstwirtschaft, Jagd und Fischerei) und die bloße Einschränkung oder die weitgehende Aussperrung der Naturfreunde aus den Naturschutzgebieten den zu schützenden Arten nichts nützt. Dank erheblich größerer Schutzgebiete liegen die Verhältnisse in Ostdeutschland günstiger. Dass die Gesamtbilanz für die Vogelwelt in Deutschland klar negativ ausfällt, liegt also eindeutig an den großen Veränderungen in der Agrarlandschaft. Die Artenzahlen sind seit den 1970er-Jahren durch Flurbereinigungen und Stallviehhaltung mit Güllewirtschaft sowie neuerdings durch großflächige Energieerzeugung auf den Fluren („Grüne Energien") drastisch gesunken und die Bestände der weitaus meisten Feldvogelarten nahezu verschwunden. Vor einem halben Jahrhundert noch verbreitete und häufige Arten, wie

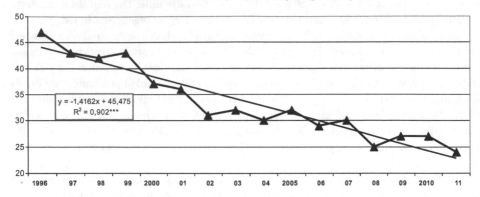

Rückgang der Goldammer-Brutbestände in Westdeutschland (Index)
Quelle: 'Der Falke' 60: 104 (2013) *Monitoring häufiger Brutvögel*

$$y = -1{,}4162x + 45{,}475$$
$$R^2 = 0{,}902^{***}$$

☐ **Abb. 7** Großräumige Abnahme der Häufigkeit der Goldammer *Emberiza citrinella*, in der EU; beispielhaft für den Schwund der Vögel der Fluren auf weniger als die Hälfte der Bestände der 1980er-Jahre (Quelle in der Grafik)

die Goldammer (Abb. 7) oder die Feldlerche gehören nunmehr in den landwirtschaftlich intensiv genutzten Gebieten zu den Raritäten. Die Entwicklung trifft nicht nur für Deutschland zu, sondern sie hat den gesamten EU-Agrarraum erfasst (Abb. 7) und dazu geführt, dass allenfalls noch die Hälfte der Feldvögel existiert, die es vor drei Jahrzehnten in der EU gegeben hatte. Der einst von Rachel Carson (1962) angeprangerte „Stumme Frühling" wurde mit dem Verbot von DDT nicht verhindert. Er findet in unserer Zeit auf mehr als der Hälfte der Landesfläche statt, sanktioniert durch die Energiewende und damit als Teil dezidierter „grüner" Politik. Die Veränderung der Lebensbedingungen auf den Fluren traf Insekten und Pflanzen noch mehr als die Vögel. Schmetterlinge wurden in den Intensiv-Agrargebieten extrem selten; übrig blieben die Kohlweißlinge. Auf den Wiesen, die zum Hochleistungs-Dauergrünland überdüngt sind, gibt es außer der Massenblüte von Löwenzahn im Frühjahr nahezu keine Blumen mehr. Entsprechend verschwinden Hummeln, Wildbienen etc. Der Hauptteil der Veränderungen lief bereits in den 1980er- und 1990er-Jahren ab. Beispielhaft zeigt dies der Rückgang der Mengen nachtaktiver Schmetterlinge am Ortsrand eines Dorfes im niederbayerischen Inntal (Abb. 8). Ab Mitte der 1990er-Jahre unterschied sich dort die Häufigkeit der Schmetterlinge nicht mehr von jener in der Großstadt München, wo aber eine beträchtlich höhere Artenzahl vorkommt.

Zwei Hauptfaktoren wirken dabei zusammen und verstärken einander. Auf den Fluren vermindert die Intensivlandwirtschaft das Artenspektrum der Pflanzen ganz drastisch auf wenige Kulturpflanzenarten, die in zunehmend größeren Flächen angebaut werden (Monokulturen). Wo noch Begleitpflanzen gedeihen könn(t)en, wie im Dauergrünland, führt die Überdüngung dazu, dass die Vegetation im Frühjahr immer schneller immer dichter aufwächst. Dieses massiv verstärkte Wachstum erzeugt im bodennahen Bereich ein kühl-feuchtes Mikroklima. Die offiziellen meteorologischen Daten erfassen diese mikroklimatische Veränderung nicht, weil standardisiert „im freien Luftraum" in Brusthöhe an den Wetterstationen gemessen wird. Die Insekten und all die anderen Kleintiere sowie die Wärme bedürftigen Pflanzen leben aber nicht im freien Luftraum, sondern bodennah, wo es (zu) feucht und kalt geworden ist. Nur sehr wenige Arten kommen mit solchen, eigentlich noch nie da gewesenen Bedingungen zurecht, denn eine derart hohe Verfügbarkeit von Pflanzennährstoffen, wie in unserer Zeit, kommt von Natur aus in keinem Landlebensraum vor. Die „Roten Listen der gefährdeten Arten" enthalten

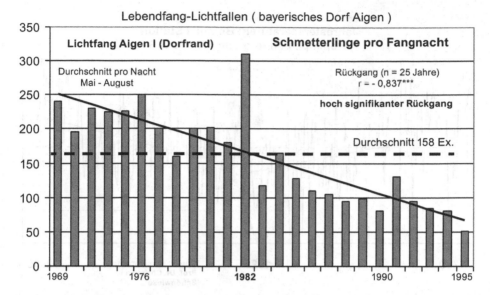

□ Abb. 8 Abnahme der Häufigkeit nachtaktiver Schmetterlinge am Rand eines niederbayerischen Dorfes von den späten 1960er- bis Mitte der 1990er-Jahre. Das niedrige Niveau entspricht kaum noch der mit gleicher Methodik (Lebendfang-Lichtfallen) erzielten Häufigkeit der Falter in der Großstadt München (aus Reichholf 2005, verändert)

daher ganz folgerichtig in der großen Mehrzahl Wärme liebende/bedürftige Arten. Sie sind gefährdet oder bereits ausgerottet worden durch die mikroklimatischen Veränderungen der Lebensbedingungen, ohne dass sie von der statistisch errechneten Wärmezunahme in den letzten 100 Jahren um knapp ein Grad Celsius profitieren konnten. In den 100 Jahren davor hatte es allerdings bereits eine ähnlich „große" Temperaturabnahme gegeben, sodass seit 1780 keine signifikante Veränderung der Temperaturen im bayerischen Alpenvorland zustande gekommen ist (Schönwiese 1995; Abb. 9). Die beiden Hauptursachen des großen Artenschwundes unserer Zeit in Mitteleuropa haben also nichts mit dem Klimawandel zu tun. Die besonderen Auswirkungen der Landwirtschaft sind keineswegs „neu"; es gab sie immer, seit Landwirtschaft betrieben wird. Ein Musterbeispiel liefert(e) der Haussperling mit seinen Massenvorkommen im 18. und frühen 19. Jahrhundert und dem derzeitig anhaltenden Niedergang (Herrmann und Woods 2010). Die Intensivierung der Landwirtschaft mit ihren großflächigen Monokulturen, vielfach ohne Fruchtwechsel von Jahr zu Jahr, und die massive Überdüngung verursachen gegenwärtig die großen Veränderungen in der Natur (der mitteleuropäischen, aber auch global). Zu großen Überschüssen in der Pflanzenverfügbarkeit von Stickstoff- und Phosphorverbindungen kommt es fast überall auf der Erde in einem Ausmaß, wie noch nie in historischer Zeit. Die Überdüngung veränderte die Wachstumsbedingungen für die Vegetation und damit die bodennahen Klimate seit dem Ende der Mangelwirtschaft nach dem 2. Weltkrieg ungleich stärker als die für Mitteleuropa statistisch errechneten Verschiebungen regionaler Mitteltemperaturen. Die Überschüsse aus der Überdüngung beeinträchtigen zudem die Qualität des Grundwassers und düngen die Oberflächengewässer. Anstelle der oben ausgeführten Versorgung mit organischem Detritus fließt in die Bäche und Flüsse ein Überangebot an gelösten anorganischen Stickstoffverbindungen hinein, die das Wachstum von Algen und Cyanobakterien („Blaualgen") begünstigen.

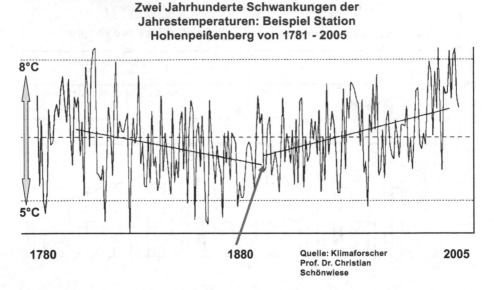

Zwei Jahrhunderte Schwankungen der
Jahrestemperaturen: Beispiel Station
Hohenpeißenberg von 1781 - 2005

Quelle: Klimaforscher
Prof. Dr. Christian
Schönwiese

◻ **Abb. 9** Um drei volle Grad Celsius schwankte die Jahresmitteltemperatur im südlichen Mitteleuropa gemäß den Temperaturmessungen des Deutschen Wetterdienstes vom Hohenpeißenberg südlich von München seit 1780. Der Abnahmetrend der Jahresmittel in den ersten 100 Jahren entspricht fast genau der Zunahme seit 1880 bis in die Gegenwart. An welchen „Wert" hätten sich Tiere und Pflanzen „anpassen" sollen/können? Noch größer fallen zudem die Jahresschwankungen der Sommer- und Wintermitteltemperaturen aus

Das Verlaufsmuster ist wohl bekannt, verhielt es sich doch ganz ähnlich in den 1960er-und 1970er-Jahren als Verschmutzung und Eutrophierung der Gewässer ihren Höhepunkt erreichten. Der Rhein wurde als „Kloake Europas" bezeichnet, viele Seen drohten „zu kippen", was bedeutete, dass sie durch Überproduktion von absterbenden Wasserpflanzen und Algen der Sauerstoffverknappung und der Faulschlammbildung entgegen gingen. Fischsterben und Ungenießbarkeit der Fische waren die Folgen. Dank beispielloser Anstrengungen und exorbitant hoher Investitionen in die Abwasserreinigung, verbunden mit sehr strengen Auflagen für die industrielle Schadstofffreisetzung, konnten diese für das Gemeinwohl zweifellos höchst abträglichen Entwicklungen aufgehalten und schließlich die Gewässer in einen guten Zustand zurückgeführt werden. Der Rhein ist wieder weitgehend sauber; der Bodensee inzwischen so nährstoffarm (oligotroph) geworden, dass die Fischerei dort eine Düngung des Sees fordert, weil ihre Erträge so stark zurückgegangen sind. Die Artenvielfalt in den Gewässern stieg wieder an; ein von Natur- und Umweltschutz zwar angestrebtes Ziel, das aber den Nutzern nicht behagt, weil die Nährstoffarmut wenig bis keine nutzbaren Überschüsse bedeutet. Wie im Beispiel der Stauseen am unteren Inn ausgeführt, führte die Verbesserung der Wasserqualität zum anhaltenden Schwund der Mengen der Wasservögel, die zu erhalten Anlass für die Unterschutzstellung gewesen waren. Ob diese Veränderungen nun Grund zur Besorgnis sind oder ob sie Freude darüber wecken sollten, dass „alles" viel besser wurde, als man bei der Unterschutzstellung in den 1970er-Jahren ahnen bzw. hoffen konnte, hängt vom Blickwinkel der Betrachtung ab. Von der (politischen) Position hängt es auch ab, wie die aus Steuermitteln der Gesellschaft hochgradig subventionierte Veränderung in der Landwirtschaft hin zur Massenproduktion von „grüner Energie" beurteilt wird. Der „Energiewende" wird die Vielfalt der Pflanzen und Tiere auf den Fluren geopfert. Die Erhaltung der Biodiversität steht diametral der CO_2-Verminderung zur Rettung des Weltklimas durch erneuerbare Energien entgegen; bei uns in Mitteleuropa und der Europäischen Union, wie auch global. In dieser Hinsicht hat bei uns die „grüne" Zukunft längst begonnen mit dem Niedergang der Biodiversität.

Ausblick

Die Natur ist veränderlich. Sprichwörter, wie „man steigt nie zweimal in denselben Fluss", drücken dies aus. Dass nichts bleibt, wie es ist und ein unveränderlicher Zustand weder sein kann, noch gut wäre, sollte eigentlich eine Trivialität, ja eine Banalität sein. Dennoch war die „Entdeckung des Wandels" nicht banal genug; auch nicht für Naturwissenschaftler. Vielleicht waren (und sind) sie zu wenig vertraut mit den historischen Fakten, dass die Vorstellung entstehen konnte von der (wünschenswerten) Dauerhaftigkeit eines momentan zeitlichen Zustandes, der doch nichts weiter war und ist als ein beliebiger Ausschnitt aus dem Lauf der Zeit und der Geschichte. So absurd die Vorstellung der Verfestigung eines bestimmten, ausgerechnet von „uns" als richtig erkannten Zustandes auch sein mag, sie hat (mindestens) zwei starke Wurzeln, nämlich im ökologischen Wunschbild vom wohlgeordneten und geregelten Naturhaushalt, in dem alles seinen rechten Platz und seine unentbehrliche Funktion hat (Dotterweich 1940; Pimm 1991; Williams 1964 u. a. zum „Gleichgewicht des Naturhaushaltes" und zum Biologischen Gleichgewicht/Homöostase der Organismen) und in der Realität des „Kalten Krieges" der Zeit nach dem 2. Weltkrieg, als die militärische Patt-Situation zwischen West und Ost Jahrzehnte einer historisch tatsächlich ungewöhnlichen Beständigkeit erzeugt hatte. Mit dem Zusammenbruch des Ostblocks schien denn auch ab 1990 eine ahistorische Zeit angebrochen, „das Ende der Geschichte" (Fukuyama 1992). Sie erwies sich als Trugbild, sodass schon bald das (realistischere) Gegenbild vom „Kampf der Kulturen" (Huntington 1996) proklamiert wurde. Das Schlagwort der Folgezeit wurde „Global Change", und die Suche gilt seither dem Wiedergewinn der (verlorenen) Stabilität. Sie drückt sich aus in der Annahme, dass das Klima bis zum steilen Anstieg der globalen Erwärmung (ab dem Zusammenbruch des Ostblocks) „stabil" gewesen sei. Eine entsprechende „Kurve", genannt die „Hockey-Stick-Kurve", wurde aus Proxy-Daten konstruiert, die so wirken, als ob Messungen der globalen Mitteltemperatur bis in die Eiszeit zurückreichen würden. Die Daten von Wetterstationen, die tatsächlich (nur) bis ins späte 18. Jahrhundert zurückreichen, zeigen hingegen keinerlei Stabilität (z. B. die Temperaturmessungen vom Hohenpeißenberg südlich von München, eine der ältesten Wetterstationen überhaupt; Schönwiese 1995; Abb. 9).

Doch es geht hier nicht um die Validität der umstrittenen, vielfach kritisierten „Hockey-Stick-Kurve", sondern um den Bezug, der seit geraumer Zeit völlig unkritisch, ja unwissenschaftlich auf „die Klimaerwärmung" genommen wird. Sie wird als Erklärung für nahezu jede Veränderung herangezogen, wie in den 1980er-Jahren das „Waldsterben". So ein *conventional wisdom* birgt die Gefahr, die wirklichen Ursachen von Veränderungen zu übersehen und dadurch ein rechtzeitiges Handeln zu erschweren oder unmöglich zu machen. Das kommt Vielen sicherlich zupass, denn wenn der un(an)greifbare Klimawandel an allem „schuld" ist, entziehen sich konkrete Verursacher ihrer Schuld. „Global Change" und „Klimawandel" fungieren längst auch als Mittel zur Erlangung von Forschungsgeldern, da sich alle möglichen Forschungsvorhaben mit „…in Zeiten des Klimawandels" oder „…im Rahmen globaler Veränderungen" förderungswürdig(er) gestalten lassen. Die natürlichen Fluktuationen oder die wie auch immer verursachte Variabilität bleiben dabei, insbesondere in den zumeist viel zu kurzzeitig angesetzten Freilandforschungen, unberücksichtigt. Alarmierend ist dies, auch in einem anderen, sehr bedenklichen Sinne, weil eine der Grundvoraussetzungen der Naturwissenschaften, die Skepsis, mittlerweile als persönlich abqualifizierender Makel gilt. Naturwissenschaftler sollten sich kein kritisches Hinterfragen der so öffentlichkeitswirksam vorgebrachten Befürchtungen, Szenarien und Warnungen mehr leisten, um nicht vorverurteilt als … -skeptiker marginalisiert zu werden (Schulze 2010). Der Mainstream hat dogmatische Züge angenommen. Es wird, nach Kuhn (1967), eines Paradigmenwechsels bedürfen, bis sich eine skeptisch-distanzierte Wissenschaft (wieder) Bahn brechen kann. Auf absehbare Zeit wird der Alarmismus herrschen, getragen von den Medien aller Art, da sie bereit sind, aus jeder kleinen Änderung eine Katastrophe zu machen, zumindest eine drohende.

Zusammenfassung

Veränderungen, nicht das Verharren auf einem bestimmten Zustand kennzeichnet die Lebensvorgänge in der Natur. Welches Ausmaß sie erreichen und welche Bedeutung ihnen zukommt, hängt vom räumlichen Bezug und von den Zeitspannen ab, die betrachtet werden. Manche scheinbar dramatische Änderung erweist sich im angemessenen raum-zeitlichen Bezugsrahmen als vorübergehende Fluktuation ohne nennenswerte Nachwirkung. Unauffällige, aber anhaltende und sich verstärkende Entwicklungen können hingegen sehr wesentlich werden. Doch ohne hinreichend genaue Kausalanalysen ist weder ihre Verursachung zu ermitteln, noch sind notwendige Gegenmaßnahmen wirkungsvoll zu tätigen. Hinzu kommt, dass verschiedene als „gut" eingestufte Zielsetzungen sich durchaus als konträr zueinander erweisen können.

Am Beispiel der Stauseen am unteren Inn, einem international bedeutsamen Schutzgebiet für Wasservögel, wird erläutert, dass die von der Gesellschaft aus guten Gründen erreichte Verbesserung der Wasserqualität zu sehr starken Bestandsabnahmen bei den Wasservögeln, den Fischen, Großmuscheln und anderen Gewässerorganismen geführt hat und damit den Zielsetzungen von Naturschutz und Angelfischerei entgegen gerichtet war. Vergleichbares läuft in ungleich größerem Ausmaß in der Landwirtschaft und ihrem Wandel zur Erzeugung erneuerbarer Energien ab. Dabei schwindet die Biodiversität der Fluren ganz massiv zugunsten der „Energiewende". Mit der modernen Landwirtschaft verbunden ist eine historisch einmalige Überdüngung des ganzen Landes. Sie ließ das bodennahe Kleinklima kühler und feuchter werden. Die statistisch errechenbare Erwärmung des Klimas gleicht die Abkühlung des Ökoklimas bei Weitem nicht aus. Weder neu, noch außergewöhnlich hoch in unserer Zeit ist auch der globale Austausch von Tieren, Pflanzen, Mikroben und natürlich auch von Menschen. Denn längst wurden Nutzpflanzen und Nutztiere, aber auch Krankheitserreger, seit Kolumbus global verbreitet. Dass nunmehr aber so gut wie jede Veränderung in der Natur dem Klimawandel zugeschoben wird, sollte zumindest in Wissenschaftskreisen größten Argwohn erwecken. Tatsächlich bedient man sich jedoch bereitwillig an den mit Bezug auf Klimawandel und Global Change reichlich fließenden Fördermitteln. Skeptiker werden hingegen ausgegrenzt und nicht selten sogar persönlich diffamiert, während Computermodelle zunehmend gründliche Kausalanalysen ersetzen, obgleich bekannt ist, dass sehr viele der Prognosen falsch lagen und wie wenig gesicherte Annahmen in Modellrechnungen einfließen. Alles ändert sich, aber nicht jede Änderung ist bedeutungsvoll oder als solche grundsätzlich schlecht.

Literatur

- **Verwendete Literatur**

Burton JF (1995) Birds & Climate Change. C. Helm, London

Carson R (1962) Der Stumme Frühling. Bertelsmann, München

Cossins AR, Bowler K (1987) Temperature Biology of Animals. Chapman & Hall, London

Darwin C (1859) On the Origin of Species by Means of Natural Selection, or the Preservation of Favoured Races in the Struggle for Life. Murray, London

Dotterweich H (1940) Das Biologische Gleichgewicht und seine Bedeutung für die Hauptprobleme der Biologie. G. Fischer, Jena

Elkins N (1983) Weather and Bird Behaviour. Poyser, Calton GB

Fukuyama F (1992) Das Ende der Geschichte. Wo stehen wir? Kindler, München

Hanson T (2011) Feathers. Basic Books, New York

Herrmann B, Woods WI (2010) Neither Biblical Plague nor Pristine Myth: A Lesson from Central European Sparrows. Geogr Rev 100:176–178

Huntington SP (1996) Kampf der Kulturen. Europa Vlg., München

Jäckel A (1891) Systematische Übersicht der Vögel Bayerns. In: Blasius R (Hrsg) . Oldenbourg, München

Kuhn TS (1967) Die Struktur wissenschaftlicher Revolutionen. Suhrkamp, Frankfurt am Main

LfU (2003) Rote Liste gefährdeter Tiere Bayerns. Bayerisches Landesamt für Umweltschutz, Augsburg

Möllers F (2010) Die wilden Tiere in der Stadt. Knesebeck, München

Pimm SL (1991) Balance of Nature? Univ. Chicago Press, Chicago

Reichholf JH (1976) Die quantitative Bedeutung der Wasservögel für das Ökosystem eines Innstausees. Verh Ges Ökol 1975:247–254

Reichholf JH (1993) Comeback der Biber. C. H. Beck, München

Reichholf JH (1995) Die Wasservögel am unteren Inn. Ergebnisse von 25 Jahren Wasservogelzählung. Mitt Zool Ges Braunau 6:1–92

Reichholf JH (2005) Die Zukunft der Arten. C. H. Beck, München

Reichholf JH (2014a) Silberreiher *Egretta alba* am unteren Inn: Bestandsentwicklung, saisonales Vorkommen und Verhältnis zum Graureiher *Ardea cinerea*. Mitt Zool Ges 11:197–213

Reichholf JH (2014b) Welche Umstände führten zum Brüten des Seeadlers *Haliaeetus albicilla* am unteren Inn? Vogelkdl Nachr OÖ 22:81–92

Reichholf JH (2014c) Der milde Winter 2013/14 und seine Folgen für die Natur. Mitt Zool Ges 11:175–195

Reichholf JH (2014d) Ornis. Das Leben der Vögel. C. H. Beck, München

Schönwiese C (1995) Klimaänderungen. Springer, Heidelberg

Schulze G (2010) Krisen. Vontobel Schriftenreihe, Zürich

Schwerdtfeger F (1963) Autökologie. Ökologie der Tiere, I. Aufl. Parey, Hamburg

Williams CB (1964) Patterns in the Balance of Nature and Related Problems in Quantitative Biology. Academic Press, London

- **Weiterführende Literatur**

Reichholf JH (1994) Die Wasservögel am unteren Inn. Ergebnisse von 25 Jahren Wasservogelzählung: Dynamik der Durchzugs- und Winterbestände, Trends und Ursachen. Mitt Zool Ges 6:1–92

Reichholf JH (2007) Stadtnatur. oekom, München

Zwei Naturkatastrophen und ihre historische Verarbeitung

Rolf Peter Sieferle

B. Herrmann (Hrsg.), *Sind Umweltkrisen Krisen der Natur oder der Kultur?*,
DOI 10.1007/978-3-662-48139-4_4, © Springer-Verlag Berlin Heidelberg 2015

Im Juli 1994 schlug der Komet Shoemaker-Levy 9 auf dem Jupiter ein. Diese Kollision wurde nicht nur von Astronomen beobachtet, sondern fand wegen ihres spektakulären Charakters auch große Aufmerksamkeit in den Medien. Handelte es sich hierbei um eine Naturkatastrophe? Dies würden die meisten Beobachter verneinen. Es war zwar ein Extremereignis mit großen Wirkungen, aber um zur Katastrophe werden zu können, hätte es auf der Erde stattfinden und hätten Menschen davon betroffen sein müssen.

Am 30. Juni 1908 fand im sibirischen Gouvernement Jenisseisk, der heutigen Region Krasnojarsk, eine große Explosion statt, die in Anlehnung an den Namen eines dortigen Flusses als Tunguska-Ereignis bezeichnet wird. Die Ursache ist bis heute nicht ganz geklärt, doch spricht vieles dafür, dass es sich um den Einschlag eines Asteroiden oder eines Meteors handelte. Die Auswirkungen waren gewaltig. Auf einem Gebiet von 2000 km^2 wurden rund 60 Mio. Bäume umgeknickt, und noch in einer Entfernung von 500 km wurde ein Lichtschein beobachtet. Dennoch hat dieses Ereignis unter den Zeitgenossen keine größere Aufmerksamkeit gefunden. Erst durch eine Expedition in den frühen 1920er-Jahren wurden so viele Informationen bekannt, dass die Neugier der Fachwelt erregt wurde.

Handelte es sich bei dem Tunguska-Ereignis um eine Naturkatastrophe? Es war ein natürliches Extremereignis, das auf der Erde stattfand. Vermutlich wurden auch Menschen davon betroffen, nämlich Angehörige des lokalen Volksstamms der Ewenken und vielleicht auch einzelne russische Jäger oder Händler. Davon ist jedoch nichts Sicheres überliefert. Dieser Impakt vollzog sich im Verborgenen und erweckte in der Öffentlichkeit keine Aufmerksamkeit. Damit fehlt diesem Ereignis wohl ein wichtiges Element, das es zur Naturkatastrophe qualifizieren könnte.

Wenn es sich um den Einschlag eines Asteroiden gehandelt hat, so war es natürlich ein bloßer Zufall, dass dieser in der sibirischen Taiga niedergegangen ist. Hätte er im Meer eingeschlagen, hätte es einen großen Tsunami gegeben. Hätte er in einem dichtbevölkerten Gebiet eingeschlagen, so hätte es sich um die größte Naturkatastrophe der Geschichte handeln können, im Extremfall mit Millionen von Toten.

Offenbar genügt es zur Auslösung einer Naturkatastrophe nicht, dass ein natürliches Extremereignis auftritt. Dieses Extremereignis muss vielmehr Menschen betreffen, muss beträchtliche Schäden verursachen und Anpassungsreaktionen auslösen, um den Charakter einer Katastrophe zu bekommen. Wir können dies in einem formalen Schema so strukturieren:

1. Eintritt eines natürlichen Extremereignisses,
2. dieses Ereignis wirkt als (schädliche) „Störung" auf die menschliche Gesellschaft,
3. diese Störung wird von der Gesellschaft in einer „Krise" verarbeitet, wobei sich drei unterschiedliche Trajektorien auftun können:

4

a) Resiliente Pufferung: Die Störung wird verkraftet, ohne umfangreichere Anpassungsreaktionen zu provozieren.
b) Chance: Die Störung erschüttert ein bestimmtes soziales System und setzt Anpassungsreaktionen in Gang, die als Innovationen verstanden werden können, mit der Folge,
   dass die Kompetenz der Gesellschaft steigt.
c) Katastrophe: In der Krise wird das soziale System in einer Weise erschüttert, dass eine „Wende zum Schlechteren" eintritt, vielleicht ein plötzlicher Zusammenbruch (Tod,
   Aussterben), vielleicht ein kultureller oder politischer Identitätsverlust.

In diesem Schema ist die „Katastrophe", also der „Zusammenbruch" oder „Niedergang"
nur eine Möglichkeit unter anderen, wie auf den ursprünglichen Impakt reagiert werden kann.
Die Störung, die von einem natürlichen Extremereignis ausgelöst wird, kann in der Krise zum
Anstoß von positiven „Lernprozessen" dienen, sie kann aber auch zur „Zerstörung" führen,
wobei Elemente des zerstörten Systems, also etwa Individuen, die nach dem Zusammenbruch
desorganisiert übrig geblieben sind, in ein neues soziales System integriert werden können.

In der historischen Katastrophenforschung unterscheidet man unterschiedliche Typen von
Katastrophen, die nicht nur „natürlichen", sondern auch rein „gesellschaftlichen" Charakter haben können. Aus der Perspektive der Gesellschaft, die diese extremen Störungen zu verarbeiten
hat, handelt es sich um natural-exogene und sozial-endogene Ereigniskomplexe, die eine Krise provozieren können. In Anlehnung an Anderson und Jones (1988) lassen sie sich wie folgt
klassifizieren:

1. **Natural-exogen**
   - geophysisch: Erdbeben, Vulkanausbrüche, Bergrutsche, Tsunamis, Impakte von Him-
     melskörpern,
   - klimatisch: Dürren, Überschwemmungen, Sturmfluten, Orkane, Waldbrände, Lawi-
     nen, Hagelschläge,
   - biologisch: Epidemien, Viehseuchen, Pflanzenkrankheiten, Heuschrecken.
2. **Sozial-endogen**
   - politisch: Krieg, Bürgerkrieg/Revolution, innere Unruhen,
   - technisch: Stadtbrände, industrielle Störfälle, Verkehrsunfälle,
   - Wirtschafts- und Finanzkrisen.

Es ist nach dem bisher Gesagten selbstverständlich, dass auch die natural-exogenen Störungen sozial vermittelt sein müssen, um katastrophische Wirkungen zu entfalten. Dies kann am
Beispiel von Dürrekatastrophen illustriert werden, die zu Hungersnöten führen. Witterungsbedingte Missernten und darauf folgende Hungersnöte sind der agrarischen Produktionsweise
prinzipiell inhärent. Sie bilden klassische „sekundäre Gefahren", die aus der primären agrarischen Gefahrenbewältigung durch Vorratshaltung und aktive Nahrungsproduktion resul-
tieren. Da die Landwirtschaft das Nahrungsspektrum drastisch einschränkt und zugleich die
Bevölkerungsdichte steigert, geraten die Menschen in Abhängigkeit von den Wachstumsbedingungen der wenigen favorisierten Pflanzen, vor allem von Gräsern (Weizen, Roggen, Gerste,
Hafer, Mais, Reis, Hirse etc.) und Knollenfrüchten und können im Notfall kaum mehr auf andere Nahrungsmittel ausweichen. Bauern versuchen zwar, die Wachstumsbedingungen ihrer
Nutzpflanzen zu kontrollieren (Rodung, Bewässerung, Entwässerung, Schädlingsbekämpfung,
Düngung), doch findet diese Kontrolle bei extremen Wetterereignissen eine natürliche Gren-
ze. Die agrarische Naturbeherrschung durch Kolonisierung schlägt daher in eine sekundäre
Abhängigkeit von Naturfaktoren um.

Das Auftreten von Hungersnöten ist somit nicht nur Ausdruck der klimatisch-ökologischen Situation, sondern besitzt auch soziale und politische Aspekte. Das Wetterextrem ist nur ein Element, weitere Faktoren werden aber von der sozialen und ökonomischen Verarbeitung bestimmt, also vor allem von der Organisation von Handel und Verteilung. Dies gilt gerade für agrarische Zivilisationen jenseits der Schwelle der Subsistenzwirtschaft, wo Handel, Vorratsbildung und die Möglichkeiten der räumlichen Portfoliobildung eine große Rolle spielen. Hier ist auf den ersten Blick nicht zu entscheiden, ob eine reale Hungersnot primär auf Missernten oder auf Missmanagement zurückgeht.

Wir können auch im heutigen agrarischen Kontext (der Dritten Welt) fragen, was aus einer Dürre eine Hungersnot macht. Hierzu kann man einen ganzen Katalog von nicht-naturalen Gründen aufzählen, wie falsche Prioritäten des Anbaus (Anbaumix), relative Übervölkerung, schlechte Verteilung von Wasserreserven, schlechte Verkehrswege, mangelnde Vorratshaltung, schlechtes Katastrophenmanagement (verspätete Reaktionen), Instrumentalisierung von Hunger für Entwicklungshilfe, Instrumentalisierung von Hungerhilfe für Bürgerkrieg.

Wir kommen also zu dem recht trivialen Ergebnis, dass Naturkatastrophen immer „sozial vermittelt" sind, und zwar in mehrerer Hinsicht. Damit ein naturales Extremereignis wirksam wird, muss die entsprechende Gesellschaft durch dieses Ereignis verwundbar sein. Sie kann das Ausmaß dieser Verwundbarkeit verstärken oder abschwächen, je nach ihrer Organisation. Schließlich kann sie auf unterschiedliche Weise die Störung, die von dem Extremereignis ausgeht, verarbeiten und durch strukturelle Anpassung in eine Chance verwandeln.

Um dies zu illustrieren, sollen im Folgenden zwei Fallbeispiele näher betrachtet werden, bei denen es um die Wirkung und Verarbeitung großer Naturkatastrophen auf verschiedene Gesellschaften geht. Es handelt sich um den Schwarzen Tod im europäischen Mittelalter und um den seuchenbedingten demografischen Zusammenbruch in Amerika nach dem ersten Kontakt mit den Europäern. In beiden Fällen haben wir eine natural-exogene Störung vor uns, nämlich die Invasion schädlicher Mikroorganismen, die zu Pandemien mit schweren Bevölkerungsverlusten führen. In beiden Fällen wurde das Auftreten dieser Pandemien von dem vorangegangenen Verhalten der jeweiligen Gesellschaften begünstigt. Dann zeigte es sich aber, dass der Ausgang im Sinne der Verarbeitung dieser Störung zwei extrem entgegengesetzte Verläufe nahm: In Europa wirkte die Störung durch den Schwarzen Tod als Anreiz zum Übergang zu „nachhaltigeren" Formen der Wirtschaft, also als Krise, auf die mit Innovationen geantwortet wurde. In Amerika führte der demografische Zusammenbruch zu einem totalen Zusammenbruch, der nicht nur die physische Bevölkerung, sondern auch ihre gesamten kulturellen, politischen, sozialen und ökonomischen Organisationsformen betraf. Die Kombination beider Prozesse öffnete schließlich Entwicklungspfade, die in die uns heute vertraute Welt führten.

Der Schwarze Tod

Die größte Naturkatastrophe, die Europa je getroffen hat, war der Schwarze Tod, der in der Mitte des 14. Jahrhunderts zum ersten Mal auftrat und danach in kurzen Abständen immer wiederkehrte. In manchen Gebieten Englands und Italiens ist die Bevölkerung um 70–80 % gefallen, und Herlihy (1997, S. 17) schätzt, dass die europäische Gesamtbevölkerung um 1420 etwa auf ein Drittel der Bevölkerung von 1320 zurückgegangen ist.

Diese gravierende Pandemie wird gewöhnlich auf den Pestbazillus zurückgeführt, also auf den von Alexandre Yersin Ende des 19. Jahrhunderts identifizierten Erreger, der von ihm seinen Namen erhalten hat (*Yersinia pestis*). Allerdings gibt es in der Forschung seit Shrewsbury (1970) die Auffassung, es könne sich aufgrund der raschen Ausbreitung der Pest nicht um *Yersinia* gehandelt haben, da dieser Erreger auf ein komplexes Zwischenwirtsystem angewiesen ist (Benedictow 2010). Die Ausbreitungsgeschwindigkeit der Seuche, die jahreszeitlichen Bedingungen, die Inkubationszeit, die Sterblichkeitsmuster und auch die Ökologie der Ratte (als Zwischenwirt) lassen jeweils Bedenken gegen *Yersinia* aufkommen. Als alternative Kandidaten werden Anthrax (Twigg 1984) oder ein mit dem Ebola-Erreger verwandtes Virus (Duncan und Scott 2005) genannt. Allerdings wurde in Pestgräbern in unterschiedlichen Regionen Europas Yersinia-DNA nachgewiesen. Nach den Untersuchungen von Bos et al. (2011) an Londoner Pestleichen sprechen starke Indizien dafür, dass *Yersinia pestis* in irgendeiner Form an der Pandemie beteiligt war, doch ist die Frage noch immer nicht abschließend geklärt.

Die vom Yersinia-Erreger verursachte Pest ist eine klassische Zoonose, die über ein recht kompliziertes Zwischenwirtsystem übertragen wird. Sie war (und ist) enzootisch unter einem unempfindlichen Wirtsreservoir (Springmaus, Murmeltiere, Tarbagan) in Zentralasien. Unter diesen Tieren verursacht *Yersinia* keine größere Sterblichkeit. Dann gibt es anfällige Transportwirte und Vektoren, das sind verschiedene Floharten. Durch sie kann der Erreger auf andere Nagetierarten übertragen werden, die von ihm stark geschädigt werden. Unter den Ratten wirkt die Krankheit als Panzootie.

Der aktuelle Pestzyklus sieht folgendermaßen aus: Der Bazillus vermehrt sich im Blut befallener Wirte. Ihre Flöhe, die sich von diesem Blut ernähren, nehmen den Erreger auf. Er sammelt sich im Floh-Magen, vermehrt sich dort weiter, bis dieser ganz ausgefüllt ist („blockierter Magen"). Der Floh kann keine Nahrung mehr aufnehmen, wird extrem hungrig. Hunger treibt dazu, den Wirt zu wechseln. Beim Versuch, Blut zu saugen, wird kontaminiertes Blut ausgewürgt, was den neuen Wirt infiziert.

Der historische Verlauf der Krankheit sieht etwa so aus (Benedictow 2004): Die Seuche nimmt ihren Ausgang von einem Wirtswechsel zwischen dem ursprünglichen Wirtsreservoir und der Ratte. In der Ratte treten bald starke Krankheitssymptome auf. Wenn eine erkrankte Ratte stirbt, verlässt sie der befallene Floh und sucht einen neuen Wirt. Blockierte Flöhe können bis zu sechs Wochen ohne Nahrungsaufnahme überleben, sodass ein Transport von Floh/Bazillus auch ohne Ratte möglich ist (etwa in Warenladungen). Solche Flöhe sind extrem ausgehungert und fallen sofort jeden potenziellen Wirt an. Man kann sich vorstellen, dass blockierte Flöhe ohne Wirt in der Ladung eines Schiffs oder einer Karawane reisen. Beim Auspacken befallen sie die Schauerleute, wenden sich dann Ratten zu, wo sie eine Panzootie verursachen. Erst wenn die Rattenpopulation gestorben bzw. immunisiert ist, gehen sie wieder auf Menschen über.

Die Infektionskette vom ursprünglichen Wirtsreservoir bis zum Menschen könnte sich also wie folgt dargestellt haben:

1. Der Floh des Primärwirts (Springmaus) überträgt Yersinia durch Wirtswechsel auf die Ratte, da er zufällig von seinem Primärwirt isoliert wurde.
2. Von der Ratte wird Yersinia auf Rattenflöhe übertragen, bis die lokale Rattenpopulation durchseucht ist.
3. Von Rattenflöhen wird Yersinia auf Menschen übertragen, was zum Krankheitsbild der Beulenpest führt.
4. Schließlich kann es zur Übertragung von Mensch zu Mensch durch Tröpfcheninfektion kommen, was die Lungenpest auslöst. Eine Übertragung durch Menschenflöhe ist dagegen eher selten.

Fragen wir nun, unter welchen Voraussetzungen ein Wirtswechsel des Erregers mit solchen gravierenden Konsequenzen hat stattfinden können. Hier stoßen wir zunächst auf die politischen Verhältnisse in Zentralasien. In der Mitte des 14. Jahrhunderts befand sich das von Dschinghis Khan gegründete mongolische Reich auf dem Gipfel seiner Macht und Ausdehnung, es reichte von China bis zum Schwarzen Meer, nach Persien und ins Zweistromland. Karawanenstraßen von Zentralasien nach Osten und Westen ermöglichten eine permanente Kommunikation. Reisen und Transporte durch die Steppe fanden regelmäßig statt. Die Seidenstraße zwischen China und dem Mittelmeerraum führte direkt durch das Gebiet, in dem die Pest enzootisch war.

Unter diesen Bedingungen kann der Erreger aus seinem ursprünglichen Reservoir ausgebrochen sein, aus Gründen, die wohl nicht mehr zu rekonstruieren sind. Vielleicht hat ein Erdbeben die Murmeltiere aus ihrem Lebensraum vertrieben, vielleicht wurden auch blockierte Flöhe zufällig in Tuchballen verpackt und in Gebiete transportiert, wo ihnen zum Überleben nichts übrig blieb, als ihren Wirt zu wechseln. Auf jeden Fall gelangten sie, diesem Modell zufolge, in der Mitte des 14. Jahrhunderts in die Zentren der eurasischen Zivilisationen. Wenn es dagegen keinen permanenten Handel durch Zentralasien gegeben hätte, wäre Yersinia auf sein ursprüngliches Verbreitungsgebiet beschränkt geblieben.

So kam es aber zu einem Ausbruch in verschiedene Richtungen. Es gibt Indizien dafür, dass Yersinia auch in China verheerende Wirkungen ausgelöst hat. Für 1331 ist ein großes Seuchenereignis dokumentiert. Schließlich kam es im fraglichen Zeitraum zu einem beträchtlichen Bevölkerungsrückgang, von ca. 123 Mio. um 1200 auf ca. 65 Mio. im Jahre 1393 – also praktisch eine Halbierung. Diese demografische Krise fand im Rahmen des gewaltsamen Übergangs von der Yuan- zur Mingdynastie statt, und man könnte darüber spekulieren, welche Rolle die Pest dabei gespielt hat. Für Zentralasien wird der Zusammenbruch des Mongolischen Reiches mit der demografischen Katastrophe in Verbindung gebracht. Aber die ostasiatische Dimension des mittelalterlichen Pestereignisses liegt noch immer weitgehend im Dunkeln.

1331 bis 1346 ist der Erreger nach Westen gewandert, was durch erhöhte Sterblichkeit in Karawansereien nachgewiesen ist. 1346 kam er nach Astrachan, an die Wolga und den Don. 1347 wurde Kaffa erreicht, eine genuesische Siedlung am Schwarzen Meer. Von hier ist eine historische Legende überliefert, die drastisch wirkt, aber vermutlich keine reale Grundlage hat (Karlen 1996). Kaffa, das heutige Feodossija auf der Krim, wurde 1346/47 von den Mongolen belagert. Diese sollen Pestleichen über die Stadtmauern geschleudert und dadurch die Belagerten mit der Pest infiziert haben. Letzteres ist allerdings recht unwahrscheinlich, da infizierte Flöhe sofort die Toten verlassen und von den Leichen selbst in der Regel keine direkte Infektionsgefahr ausgeht.

Wahrscheinlicher ist dagegen, dass Genuesen mit den Schiffen, auf denen sie vor den Mongolen flüchteten, die Seuche in den Mittelmeerraum brachten. Bereits 1347 ist die Pest in Byzanz, dann in Sizilien, Griechenland, im Niltal, in der Levante nachgewiesen. 1348 erreicht sie das nördliche Mittelmeer bis Marseilles, 1349 Ragusa, Pisa, Venedig. Über Land und Meer kommt sie dann nach Zentraleuropa und schließlich nach Westen und in den Norden. Moskau wird 1353 erreicht. Auf der Karte bei William McNeill (1976, S. 157) sieht dies aus wie das Vorrücken einer Wetterfront.

Der Schwarze Tod war eine exogene biologische Katastrophe, die durch den zufälligen Wirtswechsel eines Erregers bewirkt wurde, begünstigt von einem stabilen System des Fernhandels und Landtransports. Sie wurde von der größeren Bevölkerungsdichte der agrarischen Zivilisationen begünstigt, da sich nur so eine ununterbrochene Infektionskette über ganz Eurasien bilden konnte. Damit kommen wir zu den generellen sozialen bzw. ökonomischen Rahmenbedingungen von Pandemien.

Der Übergang zur Landwirtschaft kann von Anfang an als ein Prozess der Koevolution zwischen dem Menschen, seinen Hilfsorganismen sowie unerwünschten Begleitspezies begriffen werden (Rindos 1984). Dieser Prozess der Koevolution modifiziert nicht nur das Genom der domestizierten Organismen, sondern der Mensch modifiziert seine eigene ökologische Nische durch Änderung seines Selektionsmilieus (Laland et al. 2000). Ihm wachsen dabei genetisch neue Eigenschaften zu, von der Veränderung der Aktivierungszeiten von Steuerungs- und Strukturgenen in der Ontogenese bis zur Milch- oder Alkoholverträglichkeit.

Die traditionelle landwirtschaftliche Biotechnologie hat aber auch ihre Kehrseite, und diese liegt in der Änderung des Selektionsmilieus für Parasiten aller Art. Die Agrartechnik ist prinzipiell katastrophenträchtig, d. h. es kommt immer wieder vor, dass sie versagt und dass ungewollte sekundäre Gefahren auftreten. Dies gilt vor allem in Hinblick auf Mikroorganismen, die Krankheiten unter den Menschen verursachen können. Die großen Seuchen, die in den Agrargesellschaften grassierten, sind nicht „natürlich", d. h. es handelt sich bei ihnen nicht um bloße exogene „Naturkatastrophen", sondern sie haben zumindest teilweise anthropogenen Charakter. Die Pandemie ist gewissermaßen der GAU der agrarischen Produktionsweise.

Dieses prinzipielle Argument gilt auch für den Schwarzen Tod. Es handelt sich bei ihm um eine klassische Zoonose, also eine Infektionskrankheit, die auf den Wirtswechsel eines Erregers zurückgeht, in diesem Fall von Nagetieren auf den Menschen. Die meisten Infektionskrankheiten, mit denen wir es in Agrargesellschaften zu tun haben, sind Zoonosen, wie Masern, Pocken, Grippe, Influenza, Tuberkulose, Mumps, Röteln, Diphtherie, Keuchhusten, Kinderlähmung, Cholera, Typhus, Ruhr. Der enge Kontakt der Bauern mit (lebenden) Tieren begünstigt diesen Wirtswechsel (Cohen 1989).

Ratten sind zwar keine Nutztiere des Menschen, wohl aber sind sie „kulturbegleitende" Parasiten, d. h. eine größere Rattenpopulation kann es nur geben, wenn auch eine größere Dichte von Menschen, Nahrung und Abfällen existiert. Dies war im Mittelalter der Fall, sodass wir generell konstatieren können, dass die Lebensbedingungen in der agrarischen Zivilisation das Auftreten der Pest-Pandemie begünstigt haben. Unter Wildbeutern wäre eine solche Pandemie kaum möglich gewesen.

In Teilen der Literatur wird die Auffassung vertreten, der Einbruch der Pest habe eine aktuelle demografisch-ökologische Krise gelöst, vor der die europäischen Gesellschaften des Mittelalters standen, es habe sich also um eine klassisch „malthusianische" Reaktion auf Übervölkerung gehandelt (etwa Bowlus 1980). Zwischen dem Jahr 1000 und dem Jahr 1340 hat sich die europäische Bevölkerung etwa verdreifacht. Dieses massive Bevölkerungswachstum war mit einem verschärften Zugriff auf natürliche Ressourcen, vor allem auf dem Land einhergegangen, während sich die agrarische Technik nicht wesentlich über das Niveau hinaus entwickelte, welches im frühen Mittelalter erreicht worden war (Dreifelderwirtschaft, schwerer Pflug, Kummet). Das agrarische Wachstum war daher in erster Linie als Extensivierung zu verstehen. Der sogenannte „Landesausbau" des hohen Mittelalters bestand aus Rodungen und Kolonisierung neuer Flächen, wobei sich die Expansion nach allen Richtungen wandte, nach Osten wie nach Nordwesten und auch in höhere Lagen.

Da keine wesentlich neuen Methoden der Bodenbestellung und des Fruchtwechsels entwickelt wurden, waren die Bauern gezwungen, auf Grenzböden vorzurücken, auf denen es nur in guten Jahren eine ausreichende Ernte gab. Das Verhältnis von Aussaat und Ertrag sank daher. Der Nettoertrag fiel auf bis zu weniger als das Doppelte der Saatmenge. Wenn es zugleich witterungsbedingte Schwankungen der Erträge von 20 bis 40 % gab, war rasch die Situation des absoluten Mangels erreicht.

Es gibt Indizien dafür, dass es im Übergang zum 14. Jahrhundert zu einer Klimaänderung im Sinne sinkender Temperaturen und zunehmender Niederschläge gekommen ist, was als Beginn der „kleinen Eiszeit" gedeutet werden kann (Glaser 2000; Grove 2004; Pfister 1999). Dies führte jedoch dazu, dass Grenzböden aufgegeben werden mussten, da sie keinen Nettoertrag mehr brachten. Die große Zahl der sogenannten „Wüstungen" aus dem 14. Jahrhundert, in denen ganze Siedlungen aufgegeben wurden, kann als Indikator für diesen Vorgang interpretiert werden (Abel 1955). Für die Jahre 1315 bis 1317 und 1346/47 sind schwere Hungersnöte dokumentiert. Es spricht einiges dafür, dass von einer generellen Agrarkrise die Rede sein kann (Abel 1978).

Allerdings ist das Wirkungsverhältnis zwischen Agrar- bzw. Subsistenzkrise und Schwarzem Tod keineswegs geklärt. Intuitiv mag es einleuchten, dass eine von Hunger, Kälte und Überarbeitung geschwächte Bevölkerung leichter zum Opfer der Seuche werden konnte, doch ist der Zusammenhang zwischen Unterernährung und Anfälligkeit gegenüber Infektionskrankheiten keineswegs eindeutig. Livi-Bacci (1991)vertritt die Auffassung, Unterernährung könne sogar prophylaktisch wirken, da sie zum Mangel gewisser Nährstoffe führt, auf deren Verfügbarkeit die Krankheitserreger angewiesen sind, um sich vermehren zu können.

Ein Weg, dieser Frage näherzukommen, liegt in der Untersuchung der Sterblichkeit in unterschiedlichen sozialen Schichten. Herlihy (1997) weist auf Quellen hin, denen zufolge Mitte des 14. Jahrhunderts in italienischen Städten nach der Pest die armen Unterschichten (pauperes) praktisch verschwunden sind. Allerdings sind generell Sterbefälle von Mitgliedern höherer Stände besser dokumentiert als die von Armen und Bettlern, über die eher pauschale Angaben vorliegen, sodass über sozial differenzierte Sterblichkeit keine stabilen quantitativen Aussagen möglich sind. Sicher ist nur, dass auch nicht wenige Angehörige der Oberschichten an der Seuche gestorben sind. Gute Ernährung führte natürlich nicht zur Immunität, vielleicht aber dazu, dass der Organismus besser mit der Erkrankung fertig wurde. Ein weiterer Grund für die geringere Sterblichkeit von Mitgliedern der Oberschichten mag darin liegen, dass sich diese auf ihre Landgüter zurückziehen konnten, wo die Gefahr einer Ansteckung geringer war.

Als weiteres Erklärungselement können indirekte toxische Wirkungen genannt werden, die den Zeitgenossen unbekannt waren. Matossian (1997) schreibt den Mykotoxinen (etwa Aflatoxinen) eine wichtige Rolle für den Gesundheitszustand zu. Sie werden von Schimmelpilzen ausgeschieden, die sich bei einer Feuchtigkeit von über 16 % in Getreidekörnern bilden können, während Bakterien und Hefepilze einen Feuchtigkeitsgehalt von über 30 % benötigen, um sich zu vermehren. Die Wirkung auf den menschlichen Organismus ist unspezifisch, vor allem beeinträchtigen sie das Immunsystem, was ihn für Infektionskrankheiten anfällig macht.

Verschiedene Arten von Schimmelpilzen bilden unterschiedliche Mykotoxine, die unterschiedlich wirken. Gefährlich ist offenbar die Konzentration bestimmter Stoffe, die dann auftritt, wenn jemand über längere Zeit denselben Giften ausgesetzt ist. Die folgenden Zusammenhänge können daher eine Rolle spielen:

- Wenn das Klima feuchter wird, verschimmelt mehr gelagertes Getreide, sodass die Menschen mehr Mykotoxine zu sich nehmen, was ihre Abwehrkräfte schwächt und Epidemien begünstigt. Dies könnte erklären, auf welchem Weg eine Koppelung von Klimaverschlechterung und Seuchen auftritt, etwa im 14. Jahrhundert.
- Wenn feuchte Böden bearbeitet werden, steigt die Gefahr der Schimmelbildung. Dies könnte bedeuten, dass der Einsatz des schweren Scharpflugs im Mittelalter, mit dessen

4

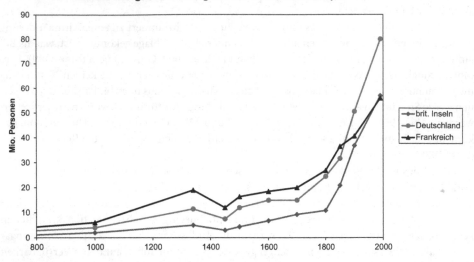

Abb. 1 Bevölkerungsentwicklung in europäischen Ländern. *Abszisse* Jahre CE, *Ordinate* Bevölkerung in Mio.
Daten nach Fontana Economic History of Europe, verschiedene Bände

Hilfe schwere, lehmige Böden urbar gemacht werden konnten, zugleich die toxische Exposition steigerte.

— Feuchte Holzhäuser mit Strohdeckung begünstigen die Bildung von Schimmel im Haus, was ebenfalls zum Kontakt mit Mykotoxinen führt (über die Atemwege, nicht über die Nahrung). Auch dies war offenbar im 14. Jahrhundert der Fall.

Mit Matossians Modell wird ein Wirkungszusammenhang angesprochen, von dessen Existenz in historischen Quellen keine Spur zu finden ist und auch nicht zu finden sein kann. Es handelt sich um unbekannte indirekte Beziehungen zwischen Ernährung und Widerstandskraft gegen Krankheitserreger, die über den Zustand des Immunsystems vermittelt sind. Der invasive Erreger *Yersinia pestis* wäre somit auf eine Bevölkerung getroffen, die durch einen von dieser Invasion unabhängigen Prozess, die beginnende Abkühlung des Klimas in Mitteleuropa und die davon ausgelöste verstärkte Exposition gegenüber Schimmelpilzen, ohnehin geschwächt war.

Im 14. Jahrhundert stand Europa also in dem Sinne vor einer Agrarkrise, als die Bevölkerung in den letzten Jahrhunderten stark gewachsen war und bereits eine große Dichte und Ausbreitung gewonnen hatte (Abb. 1). Der Einbruch des Schwarzen Todes löste diese Agrarkrise, indem er zu einer demografischen Entlastung führte. Der Schwarze Tod wurde von der Agrarkrise nicht initiiert, aber sein durchschlagender Effekt wurde von ihr vielleicht begünstigt. Bei der Koinzidenz beider handelte es sich also um einen historischen Zufall, um den Einbruch eines exogenen Faktors.

Die wichtigste unmittelbare Folge des Schwarzen Todes lag in den enormen Bevölkerungsverlusten. Hierzu gibt es unterschiedliche Schätzungen, die alle auf unvollständigen lokalen Daten beruhen. Über den Osten, auch den östlichen Mittelmeerraum, ist recht wenig bekannt. Für Europa existieren Hochrechnungen, die von einem Rückgang von 60 Mio. auf 40 Mio. sprechen, das wären ca. 35 % (Im Vergleich dazu betrug die Zahl der Opfer des 2. Weltkriegs etwa

5 % der europäischen Gesamtbevölkerung). Die regionalen Schwankungen waren wohl sehr groß; sie reichten von 12 % bis über 60 %. Für einzelne Länder kann der demografische Effekt grob abgeschätzt werden:

- In Deutschland sank die Bevölkerung 1347–1383 von 12 Mio. auf 8 Mio. und stagnierte dann bis 1470 bei 9–10 Mio.
- In Frankreich sank die Bevölkerung 1340–1400 von 21 Mio. auf 13 Mio., wobei allerdings die Auswirkung des Hundertjährigen Kriegs nicht übersehen werden darf.
- In Großbritannien ging die Bevölkerung 1340–1400 von 3,8 Mio. auf 2,3 Mio. zurück. Der demografische Tief- und Wendepunkt wurde hier erst 1440/80 erreicht.

Generell war die Sterblichkeit wohl in der Stadt mit etwa 40 % höher als auf dem Land (33 %). Es gab aber auch Gebiete wie Holland und Böhmen, die von der ersten Pestwelle verschont blieben, ohne dass man die Gründe kennt.

Es blieb nicht bei einem einzigen Pestzug, sondern an die Pandemie von 1347–1350 schlossen sich weitere Serien von Ausbrüchen an: 1357–1362; 1370–1376; 1380–1383. Dies war wohl auch der Hauptgrund, weshalb sich die europäischen Bevölkerungen nicht so bald von der Katastrophe erholen konnten. Auch in späteren Jahrhunderten flackerte die Seuche immer wieder auf: In Venedig starb 1575/77 und 1630/31 je ein Drittel der Bevölkerung an der Pest. Zu einem spektakulären Massensterben kam es dann in Mailand 1629, in Barcelona 1654, in Neapel 1656, in London 1665/66. Die Pest war nicht ein einmaliges kurzes Ereignis, sondern eine permanent wiederkehrende Bedrohung mit nachhaltigem demografischen Effekt.

Der demografische Zusammenbruch um 1350 führte in Europa zur Erholung knapper Ressourcen, sofern deren Verfügbarmachung nicht von Arbeitsaufwand abhing: Holz und Fleisch gab es im Überfluss, Getreide dagegen blieb knapp. Insbesondere der Druck auf den Wald ließ nach, was in England zum Rückgang der Nutzung fossiler Brennstoffe führte (Te Brake 1975). Auch wurden jetzt Grenzböden des Ackerbaus aufgegeben, sodass mehr Weideland verfügbar wurde und mehr Vieh gehalten werden konnte, mit dem Effekt, dass der Anteil fleischlicher Nahrung wieder zunehmen konnte. Vor allem in den Städten kam es (wegen des Arbeitskräftemangels) zu Reallohnsteigerungen. Zugleich verfielen jedoch die Preise für Lebensmittel, da die Nachfrage insgesamt zurückging. Für die Landwirtschaft bedeutete dies abnehmende Gelderträge für Lebensmittel, sodass eine Prämie dafür bestand, Ackerland in Weide zu verwandeln.

Eine wichtige unmittelbare Folge des Schwarzen Todes war eine Veränderung der Beschäftigungsstruktur. Auf den Arbeitsmärkten, die allerdings in einer von Selbstständigkeit geprägten Gesellschaft keine zentrale Rolle spielten, kam es zu Verschiebungen. Handwerkliche Qualifikationen gingen durch die hohe und frühe Sterblichkeit verloren, die generelle Lebenserwartung sank, was die Amortisation von Ausbildungskosten (Lehre) erschwerte. Zugleich nahm die Rate der Abhängigen zu: Die hohe Sterblichkeit jüngerer Erwachsener führte zu einem steigenden Anteil von Kindern und Jugendlichen. Zugleich wuchs aber auch die Zahl der Alten. In italienischen Städten sollen die über Sechzigjährigen etwa 15 % der Bevölkerung ausgemacht haben, wohl eine Folge dessen, dass Überlebende der Krankheit gegen den Erreger immun waren bzw. wurden und daher mehrere Pestzüge überstanden. Dies erhöhte aber die „Altenlast".

Die generelle Verknappung von Arbeitskräften löste unterschiedliche Reaktionen aus. Im städtischen Handwerk und bei Tagelöhnern stiegen die Löhne, und die Position abhängiger Arbeitskräfte verbesserte sich. Dies bot einen Anreiz zur Entwicklung arbeitsparender Techniken und Produktionsverfahren, wobei man allerdings berücksichtigen muss, dass die wirklichen technischen Durchbrüche des Mittelalters bereits während der Blüte der Handwerkskultur im

13. Jahrhundert stattgefunden hatten (Mokyr 1990). Diese Methoden konnten jetzt flächende-ckend eingesetzt werden. Der ökonomische Aufschwung bis zum 14. Jahrhundert hatte sich auf dauerhaftes Bevölkerungswachstum gegründet, mit recht niedrigen Löhnen. Jetzt ging die ökonomische Dynamik des späten Mittelalters zwar weiter, aber auf der Basis hoher Löhne, sodass sich Anstrengungen zur Verbesserung der Produktivität auszahlten. Versuche zu einer Regulierung der Arbeitsmärkte durch Einführung von oberen Lohngrenzen scheiterten viel-fach, etwa in England als Folge des Watt-Tyler-Aufstands von 1381.

Auch die Landwirtschaft, die nicht von Lohnarbeit geprägt war, stand vor einem zuneh-menden Missverhältnis zwischen der geringen Zahl der Arbeitskräfte, also der Bauern und ihrer Familien und einem relativen Überfluss an Land. Sinkende Lebensmittelpreise und sta-gnierende Abgaben der Bauern führten zu einem Verfall der Grundrente. Eine Reaktion darauf waren Versuche der Grundherren, verschärft auf Zwangsmaßnahmen zurückzugreifen (Er-pressung der Bauern, Raubrittertum), mit der Folge weiterer Abwanderungen in die Städte.

Eine Reaktion darauf konnte im Übergang zu Formen der Marktwirtschaft (Geldrente) liegen, was eine Tendenz zur Kommerzialisierung der Landwirtschaft in Gang setzte. Solche Prozesse sind in England zu beobachten. Eine Alternative bestand in vermehrtem Rückgriff auf Zwangsarbeit, etwa im Sinne der „zweiten Leibeigenschaft" in Osteuropa. Im Mittelmeer-raum wurde der Einsatz von Sklaven ausgeweitet. Der Sklavenhandel nahm im 15. Jahrhundert einen großen Aufschwung, in der Levante und im westlichen Atlantik (Madeira, Azoren, Ka-narische Inseln). Die territoriale Expansion (Reconquista, Conquista) kann als Reaktion auf diese Lage verstanden werden (Fernandez-Armesto 1987).

Die niedrige Bevölkerungsdichte blieb bis in die Mitte des 15. Jahrhunderts ein konstantes Phänomen. Herlihy (1997, S. 57) vermutet, dass sich als Reaktion auf den Schwarzen Tod in den Unterschichten ein kalkulierendes Vermehrungsverhalten durchgesetzt habe: „Out of the havoc of plague, Europe adopted what can well be called the modern Western mode of demo-graphic behavior." Andere Autoren (etwa Macfarlane 1978) sehen dagegen die Wurzeln des westeuropäischen Heirats- und Familienmusters weitaus früher. Empirisch ist dieses Muster von Wrigley et al. (1997) erst für die Mitte des 16. Jahrhunderts demonstriert worden, doch gibt es für frühere Zeiten gravierende Überlieferungsprobleme.

Kulturgeschichtlich wird häufig auf die mentale Bedeutung des Schwarzen Todes hinge-wiesen, der das Ende des optimistischen Hochmittelalters einleitete und eine düstere apoka-lyptische Stimmung begünstigte (Huizingas „Herbst des Mittelalters" 1975). Einiges spricht dafür, dass der Schock des Schwarzen Todes zu einer schweren mentalen Erschütterung bei den Überlebenden führte, mit der Konsequenz einer verstärkten Hinwendung zur Religion. Herlihy vermutet sogar, dass eine in die Tiefe gehende Christianisierung der Masse der eu-ropäischen Bevölkerung erst als Reaktion auf den Schwarzen Tod stattgefunden hat. Waren zuvor eher oberflächlich Riten vollzogen und Benediktionen konsumiert worden, so entwi-ckelte sich jetzt eine ernsthafte Frömmigkeit, was schließlich den Weg in die Reformation öff-nete.

Wichtig wurde dann auch die zeitgenössische Deutung der Krise. Im christlich-theistischen Kontext war es plausibel, die Seuche als „Heimsuchung" zu interpretieren, also als göttliche Strafe für sündhaftes Verhalten der Menschen. Worin bestand aber das besondere Vergehen, das eine Strafe von solcher Dimension nach sich zog? Es lag nahe, dieses in einem kollektiven Fehlverhalten zu suchen, und zwar darin, dass man Sünder, Ketzer, Heiden, Juden und sonsti-ge Andersgläubige in seiner Mitte geduldet hatte. In ihnen konnten Sündenböcke identifiziert werden, die entweder direkt, durch Schadenszauber wie „Pestschmiererei" oder Brunnenvergiftung zu der Seuche beigetragen hatten, oder aber, was wichtiger war, deren schiere Duldung auf die nachlässige Gesamtbevölkerung zurückfiel.

Der natürliche Wirkungszusammenhang dieser „Schickungen" lag in den Händen der göttlichen Macht, sodass darauf nicht direkt zurückgegriffen werden konnte. Eine „medizinische" oder „hygienische" Antwort auf die Seuche lag außerhalb der menschlichen Handlungsreichweite. Man konnte nur eines tun: Im Sinne der „Gotteszornprävention" konnte man demonstrieren, dass religiöse Abweichler nicht mehr geduldet, sondern Ketzer und Hexen konsequent verfolgt wurden, die entweder direkt Schadenszauber ausübten oder durch ihr skandalöses Verhalten den rächenden Gott provoziert hatten, der schließlich die gesamte Gemeinschaft strafte. Die Verfolgung von Hexen, die im 15. Jahrhundert begann und im 17. Jahrhundert ihren Höhepunkt erreichte, hatte damit indirekt präventiven Charakter (Pfister 2007; Behringer 2007).

Der Schwarze Tod im europäischen Mittelalter kann abschließend als Einbruch eines Extremereignisses in die europäische Agrargesellschaft verstanden werden, der in dieser Gesellschaft als „Störung" eine Krise auslöste, die jedoch nicht zu einer katastrophischen „Wendung zum Schlechteren" führte, sondern evolutionäre Anpassungsprozesse auslöste, die zu einer Stabilisierung der Lage führten. Fassen wir dies noch einmal zusammen:

Seit dem 10. Jahrhundert hatten die mitteleuropäischen Tribalgesellschaften begonnen, sich in eine eigene agrarische Hochkultur zu transformieren. Diese beruhte technisch-ökonomisch auf einem Übergang vom Schwendbau zur Dauerlandwirtschaft auf der Basis der Dreifelderwirtschaft. Dieses System expandierte enorm und alimentierte seit dem 12. Jahrhundert die neue mittelalterliche Zivilisation Europas, mit ihren Städten, Kathedralen und Universitäten. Ökologisch beruhte diese Expansion auf „Landesausbau", d. h. auf Rodungen, die flächendeckend vorgenommen wurden. Es kam zu einem starken Bevölkerungswachstum und einer weiteren Ausbreitung von Siedlungen und Anbauflächen, die auch marginale Gebiete erfassten. Klimatisch begünstigt wurde dieser Prozess von einer Warmperiode.

Im 14. Jahrhundert geriet dieses System in eine *overshoot*-Krise: Nach 1300 mussten immer mehr Marginalflächen aus der Produktion genommen werden, da sie angesichts des kühleren und feuchteren Klimas keine positiven Erträge mehr brachten. Das System kontrahierte, schließlich brach Mitte des 14. Jahrhunderts die Bevölkerung durch den Schwarzen Tod zusammen. Nach dieser Anpassungskrise konsolidierte sich das europäische Agrarsystem über einen Zeitraum von fast 500 Jahren auf der Basis einer nachhaltigeren Nutzung der Böden.

Damit entsteht der Eindruck, dass die Krise des 14. Jahrhunderts tatsächlich eine endogene Sackgassenentwicklung abgeschlossen hat, also als Anpassungskrise gedeutet werden kann, die vielleicht durch die exogenen Störungen härtere und schärfere Züge annahm, als es sonst der Fall gewesen wäre. Das mittelalterliche quantitative Expansionmuster „in die Fläche" (Bevölkerungswachstum, „Landesausbau", d. h. Rodungen, „Ostkolonisation", d. h. Bewirtschaftung neuer Flächen) besaß vielleicht eine spezifische Trägheit, sodass es nur durch eine ernsthafte Krise korrigiert werden konnte. Umgekehrt mag daher gelten, dass die exogenen Einbrüche von Klima und Pest leichter hätten verkraftet werden können, wenn sich das System nicht schon ohnehin in einer Stresssituation befunden hätte.

Nach 1350 baute sich offenbar ein neues, nachhaltigeres Muster der nordwesteuropäischen Landwirtschaft auf: Die Rodungen wurden nicht fortgesetzt, sondern trotz des Bevölkerungswachstums seit dem 16. Jahrhundert stabilisierten sich die Waldbestände. Die Relationen von Ackerland, Wald und Weide blieben in Mitteleuropa bis ins 19. Jahrhundert im Wesentlichen konstant. Dies wurde möglich, weil nun (auf lokaler Ebene) eine Vielfalt von Regulationen eingeführt wurde, was es erlaubte, dauerhaft auf der gegebenen Fläche zu wirtschaften. Den lokalen Herrschaften in Kooperation mit den bäuerlichen Gemeinden gelang es immer wieder, ein stabiles Gleichgewicht zwischen Ressourcenflüssen und ihrer Nutzung zu erreichen.

Der Rechtshistoriker Bernd Marquardt (2003) zählt einen ganzen Katalog von Regulationen auf, die als Reaktion auf die Krise des 14. Jahrhunderts entstanden. Die wilde Expansionsphase wurde von einem „Recht der Nachhaltigkeit" abgelöst. Jetzt wurden „übernutzungspräventive" Regeln entwickelt, die den Zugriff auf Ackerland, Wiesen, Weiden, Wald und Gewässern betrafen. Hierzu gehörte auch eine Regelung der Bevölkerungsdynamik im Sinne der „Bevölkerungstragfähigkeit". In diesem Zusammenhang wurde angestrebt, die Vermehrung konsequent an die Ehe zu binden, und die Verehelichung von der Verfügung über ausreichende „Nahrung" abhängig zu machen, also vom Besitz einer Bauernstelle oder eines Handwerksbetriebs. Auf diese Weise sollten Ressourcenverfügung und demografische Dynamik exakt aufeinander abgestimmt werden. Durch diese Entwicklung wurden die europäischen Agrargesellschaften seit dem 14. Jahrhundert ökologisch weitgehend stabilisiert, es wurde sogar möglich, die Wirkungen des Höhepunkts der Kleinen Eiszeit im 17. Jahrhundert ohne größere Zusammenbrüche zu überstehen, und dies wurde durch die spezifische Ordnung dezentralen Ressourcenmanagements geleistet. Dieses System wurde erst durch die Industrialisierung des 19. Jahrhunderts überwunden.

Der Bevölkerungszusammenbruch in Amerika

Die ältere Forschung ist davon ausgegangen, dass im präkolumbischen Amerika nur etwa zehn Millionen Menschen gelebt haben, sodass die absoluten Bevölkerungsverluste im Kontext der europäischen Expansion nicht allzu groß gewesen sein konnten. Sherburne F. Cook und Woodrow Wilson Borah erhöhten in einer klassischen Studie (Cook und Borah 1960) diese Zahlen drastisch. Ihnen zufolge hatte Mexiko um 1518 nicht weniger als 25,2 Mio. Einwohner, deren Zahl 1532 auf 16 Mio., 1548 auf 6,3 Mio. und um 1600 auf weniger als eine Million zurückgegangen ist. Dies ist ein Bevölkerungsrückgang um 96 % innerhalb von weniger als 100 Jahren. Dieses Argument wurde von Dobyns (1966, 1983) auf ganz Amerika ausgeweitet. Er setzte die Gesamtbevölkerung um 1492 bei 90–112 Mio. an, die innerhalb eines Jahrhunderts um etwa 80 % reduziert wurde.

Das Argument vom gewaltigen Bevölkerungszusammenbruch in Amerika war von Cook und Borah schon in den 1940er-Jahren ohne große Resonanz ins Spiel gebracht worden, aber erst die Studien von Dobyns erzeugten entsprechende Aufmerksamkeit, zweifellos begünstigt durch die zur Zeit des Vietnamkriegs verbreitete antiimperialistische Stimmung in der akademischen Öffentlichkeit. Seitdem stehen sich die High Counters und Low Counters mit ideologischer Vehemenz gegenüber. Die hohen Zahlen von Cook und Borah wurden zum Teil wieder drastisch nach unten korrigiert (etwa Henige 1998, Cook 1998). Ein Grundproblem liegt natürlich in der schlechten Quellenlage, die zu Extrapolationen mit großen Fehlermargen einlädt.

Ubelacker (1992) illustriert dieses Problem mit den folgenden Überlegungen: Wenn der empirisch ermittelbare Tiefpunkt der Bevölkerung Ergebnis einer Sterblichkeit von 95 % war, so waren die um 1900 real Lebenden Abkömmlinge einer Ausgangspopulation von 10 Mio. Betrug die Sterblichkeit dagegen 96 %, so waren es 12,5 Mio., bei 98 % sogar 25 Mio. Kleine Variationen der Sterblichkeit führen also zu gewaltigen Differenzen in der Extrapolation. Hieraus folgt das prinzipielle Argument, dass solche Extrapolationen aufgrund der hohen Fehlermargen nicht seriös sind. Mit den in der Literatur verbreiteten scheinbar exakten Zahlenangaben muss man also vorsichtig umgehen (vgl. Mann 2011).

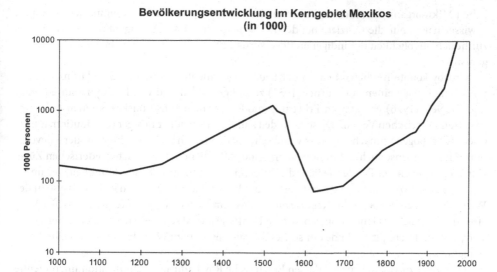

Bevölkerungsentwicklung im Kerngebiet Mexikos
(in 1000)

☐ **Abb. 2** Bevölkerungsentwicklung im Kerngebiet Mexikos innerhalb des letzten Jahrtausends. *Abszisse* Jahre CE, *Ordinate* Bevölkerungszahlen in Tsd. Zahlen nach Whitmore et al. (1990)

Mit der drastischen Erhöhung der Bevölkerungszahlen im präkolumbischen Amerika entstand angesichts der niedrigen Bevölkerungszahl in der Kolonialzeit ein neuartiger Erklärungsbedarf: Wie war eine solche gewaltige Sterblichkeit möglich? Die alte englische „schwarze Legende", ein propagandistisches Nebenprodukt des jahrhundertelangen Konkurrenzkampfes mit Spanien, hat seit Langem die (prinzipiell schon immer bekannte) Ausrottung der Indios der spezifischen spanischen Grausamkeit zugeschrieben, die auch in den sprichwörtlichen Exzessen der „Spanish Inquisition" zum Zuge kam. Kriegerische Gewalt und spanische Grausamkeit versagten aber angesichts dieser Dimensionen als Erklärung, auch wenn es bis heute Stimmen gibt, die von einem „Holocaust" in Amerika sprechen (Stannard 1992).

Ein wichtiges Erklärungsmodell, das vor allem von Alfred Crosby (1972, 1986) entwickelt wurde, führte die hohe Sterblichkeit auf den ersten Kontakt der amerikanischen Urbevölkerung mit ihr bislang unbekannten Mikroorganismen zurück (virgin soil epidemics), die unter den Europäern endemisch waren. Fälle hoher Sterblichkeit durch Infektionskrankheiten sind gut dokumentiert. Als Kolumbus 1492 nach Hispaniola kam, soll die Urbevölkerung der Taino mindestens eine Million, wenn nicht 5–6 Mio. betragen haben (das wäre mehr als im zeitgenössischen Großbritannien gewesen!). Einer Pockenepidemie von 1518/19 soll ein Drittel bis zur Hälfte der Bevölkerung zum Opfer gefallen sein, während die Spanier fast alle verschont blieben. Ähnliche Fälle gab es in Mexiko, Peru und in Nordamerika (vgl. Crosby 1972; McNeill 1976). Jedenfalls waren die Taino um 1550 ausgestorben. In Mexiko soll die Ausgangspopulation um 1518 über 25 Mio. betragen haben. Um 1605 waren es noch 1,1 Mio., also 4 %. In den Anden soll die Bevölkerung zwischen 1524 und 1630 auf 7 % gefallen sein (Abb. 2).

Crosby (1972) zog aus diesem Befund weitreichende Schlussfolgerungen. Er konnte die für die europäische Expansion der frühen Neuzeit entscheidende Frage neu beantworten: Weshalb konnten die europäischen Kolonisatoren in Amerika (sowie in Australien und Neuseeland) bleiben und den Kontinent europäisieren, während Kolonisierungsversuche in Asien und Afrika entweder sofort oder auf längere Sicht (Südafrika) gescheitert sind? Für Crosby haben Mikroorganismen hierbei die entscheidende Rolle gespielt. Die Konquistadoren waren gewissermaßen nur die Offiziere bei der Eroberung Amerikas. Das eigentliche Fußvolk, das zur hohen Sterblichkeit der indigenen Bevölkerung führte, waren aber nicht-menschliche Organismen.

Crosby konnte hierbei auf ein in der Seuchengeschichte verbreitetes Standardmodell zurückgreifen. Nach einem auf Burnet (1953) zurückgehenden und von Le Roy Ladurie (1973) und McNeill (1976) erweiterten Erklärungsmodell nehmen Infektionskrankheiten einen gerichteten historischen Verlauf. Diesem Modell zufolge ist ein neuer Erreger (neu mutiert, immigriert oder zoogen) zunächst aggressiv und sehr virulent, doch verliert er im Zuge der Koevolution mit dem menschlichen Immunsystem seine gefährlichen und verschwenderischen Züge. Der Weg geht von der Pandemie über die Epidemie zur Endemie (Kinderkrankheit). Es findet ein Selektionsprozess statt, in dessen Verlauf der Parasit harmloser und das Immunsystem des Wirts abwehrbereiter wird. McNeill vermutet, dass ein solcher Vorgang (beim Menschen) nur etwa sechs bis sieben Generationen benötigt. Der Parasit wird schließlich gewissermaßen zivilisiert, adaptiert, schöpft am Ende nur so viel Energie von seinem Wirt ab, wie er zum Überleben braucht.

Es kommt zu einem Prozess, dessen Ergebnis Le Roy Ladurie als „unification microbienne du monde" bezeichnet hat, also zu einem totalen Zusammenfluss der menschlichen Bevölkerung und der Erregerpopulationen, an dessen Ende ein harmonisches Gleichgewicht beider steht, die Beherrschung der Krankheiten durch Selektion, Hygiene und Medizin. Pandemien und Epidemien sind demzufolge Ausdruck von Pioniersituationen, die im Laufe der Zeit überwunden werden. Die Seuchengeschichte ist in dieser Perspektive die Geschichte der Friktionen, die sich im Zuge der Koevolution von Erreger und Wirt gebildet haben. Am Ende steht aber eine harmonische Beziehung beider.

Dieses Erklärungsmodell wurde am ausführlichsten von William McNeill (1976) eingesetzt. Er spricht von *disease pools*, womit gemeint ist, dass eine bestimmte Reihe von Krankheiten in bestimmten kleineren Populationen endemisch ist. Der Verlauf der Seuchengeschichte besteht nun darin, dass sich durch Kontakt und Migration immer größere *disease pools* aufbauen. Um die Zeitenwende soll es im eurasischen Raum nur noch etwa 3–4 separate Groß-*diseasepools* gegeben haben, die den Herrschaftsgebieten der großen agrarischen Zivilisationen entsprachen: China, Indien, vorderer Orient, Mittelmeerraum. Daneben existierten noch einige kleinere Populationen, die separate *disease pools* bildeten und keinen systematischen Kontakt miteinander hatten. Die größten dieser isolierten Populationen befanden sich in Amerika, wobei unklar ist, ob und wie weit epidemiologische Beziehungen zwischen dem Norden und dem Süden bestanden.

Die indianischen Einwanderer, die vor etwa 12.000 Jahren gegen Ende der letzten Eiszeit von Nordsibirien über die zugefrorene Beringstraße den amerikanischen Kontinent erreichten, hatten auf diesem Weg die meisten ihrer Parasiten verloren, vor allem solche, die auf Zwischenwirte angewiesen waren. Diese Migration war gleichbedeutend damit, dass sich kleinere auswandernde Gruppen von der größeren Ursprungspopulation trennten, wodurch genetisch Drift-Phänomene auftreten konnten. Jede sich isolierende auswandernde Gruppe führte nur einen Ausschnitt aus dem gesamten Gen-Pool der ursprünglichen Gesamtpopulation mit sich. Durch diese Isolation konnten aber immunologisch relevante Eigenschaften verloren gehen, sodass die Auswanderer bei erneutem Kontakt mit Erregern, von denen sie über viele Generationen getrennt waren, besonders anfällig waren. Genetische Untersuchungen von Angehörigen der südamerikanischen Urbevölkerung ergaben, dass sie von bestimmten Antigenen lediglich 10 Allele besaßen, Nordamerika 17, Europa 37 und Afrika als Herkunftsgebiet des

Menschen nicht weniger als 40 (Cavalli-Sforza et al. 1994). Damit erhöhte sich die Wahrschein-
lichkeit einer rapiden Ausbreitung von Erregern in der Gesamtpopulation.

Hinzu kam ein besonderes Charaktermerkmal der amerikanischen Fauna. Begünstigt
durch das stabile Klima des Holozän fand zwar in Amerika ein selbstständiger Übergang
zur Landwirtschaft statt, doch beruhte die amerikanische Landwirtschaft auf völlig anderen
Organismen als die Landwirtschaft in Eurasien. Im Übergang zum Holozän, vermutlich begünstigt durch die exzessive Jagd der menschlichen Einwanderer, ist praktisch die gesamte
amerikanische Megafauna innerhalb von rund tausend Jahren ausgestorben (Martin 2005),
darunter Rinder, Kamele, Elefanten und Pferde. In Kombination mit einer schon im Pleistozän
anderen Artenzusammensetzung in Amerika fehlten damit die Tiere, auf deren Domestikation
die eurasische Landwirtschaft beruhte: Rind, Pferd, Schaf, Ziege, Schwein, Huhn, Ente. Die
Haustierhaltung blieb sehr beschränkt (Lama, Truthahn, Meerschweinchen), mit der Folge,
dass es wenig Wirtswechsel und Zoonosen gab. Die amerikanische Bevölkerung lebte daher
recht gesund, besaß aber nur geringe Widerstandsfähigkeit gegen neue aggressive Erreger.

Dies erklärt die hohe Virulenz beim ersten Kontakt mit dem eurasischen (und später dem
afrikanischen) disease pool. Vor allem Crosby (1972, 1986) hat betont, dass der Zusammenbruch der präkolumbischen Zivilisationen beim Kontakt mit den spanischen Conquistadoren
auf die Wirkung von Pandemien, die unter den Europäern endemisch waren (wie die Pocken),
zurückzuführen war.

Natürlich gab es gegen dieses einfache Erklärungsmodell zahlreiche Einwände und Diffe-
renzierungen (vgl. etwa Ewald 1994). Crosby selbst (Crosby 1994, S. 58) weist darauf hin, dass
die Sterblichkeit unter den Eingeborenen etwa der Rate der Kindersterblichkeit in europäischen Hafenstädten entsprach, die bei rund 50 % lag. Dies könnte bedeuten, dass es weniger
(nach dem Modell McNeills) eine Angelegenheit vererbter Immunität als eine der individu-
ellen Selektion war: Nach Amerika auswandernde europäische Erwachsene waren Personen,
die bereits die Kinderkrankheiten überlebt hatten. Die früh Gestorbenen kamen nicht nach
Amerika. Wichtig dabei ist aber, dass eine hohe Kindersterblichkeit (begleitet von einer hohen
Geburtenrate) in Europa sozial viel leichter zu verkraften war als die hohe Sterblichkeit von
Erwachsenen im Verlauf einer Epidemie in Amerika.

Insgesamt war auch die Sterblichkeit der europäischen Immigranten in Amerika nicht gering. Sie lag in Virginia 1607 bei 60 %, 1608 und 1609 bei jeweils 45 % und 1610 bei 50 % der
Neuankömmlinge. Für Hispaniola und andere Gebiete im südlichen Amerika gibt es keine ge-
nauen Zahlen, doch scheint auch hier die Sterblichkeit nach der Ankunft hoch gewesen zu sein
(Raudzens 2001, S. 43; Cook 1998). Die Gründe waren vielfach: Akklimatisierungsprobleme,
mangelnde Nahrung, kein frisches Wasser, schlechte hygienische Bedingungen, indianische
Überfälle.

Die hohe Sterblichkeit der amerikanischen Ureinwohner war ein Phänomen, das sich über
Jahrzehnte hinweg wiederholte. Nicht nur die Pocken, auch andere klassische Erreger von Zoonosen wie Masern, Röteln, Mumps, Diphtherie, Keuchhusten, Typhus, Influenza, Ruhr, Tuberkulose wurden von den Europäern nach Amerika eingeschleppt und führten jeweils zu
gravierenden Pandemien mit Massensterben. Auch viele andere Organismen, Pflanzen und
Tiere, kamen jetzt nach Amerika, ein Vorgang, der mit Crosby als *Columbian exchange* bezeichnet wird.

In den amerikanischen Zivilisationen, zunächst in der Karibik und in Mexiko, dann im An-
dengebiet und später in Nordamerika hatten diese sich wiederholenden Pandemien den Effekt
einer so fundamentalen Störung, dass praktisch das gesamte soziale, politische und kulturelle System zusammenbrach. Eine Handvoll Spanier konnte große agrarische Reiche erobern

und dauerhaft beherrschen, nicht zuletzt deshalb, weil sie die Infektionen leichter überstanden oder bereits immun dagegen waren, wenn es sich um europäische „Kinderkrankheiten" handelte. Damit wuchs ihnen, ihrer Lebensweise, ihrer Kultur (vor allem ihrer Religion) eine große Legitimität zu. Die Ureinwohner verloren buchstäblich alles: die politische Macht, die soziale Struktur, die Religion und Alltagskultur, sogar die Schrift. Sie blieben im Grunde nur als versprengte Individuen übrig, die keine Alternative hatten, als sich zu der neuen Lebensweise zu bekehren, also gute Christen und Untertanen der spanischen Krone zu werden.

Natürlich gab es auch einige Vorteile, die sich aus diesem Prozess ergaben. So wurde die indianische Landwirtschaft durch den Import neuer Organismen sehr bereichert. Die einfache Diät aus Mais, Kartoffeln, Chili und Bohnen wurde jetzt von Getreide, Schweinen, Geflügel, Milch und Käse bereichert, als Arbeitstiere konnten Pferde und Rinder genutzt werden, und die Lamawolle wurde von Schafswolle ergänzt. Und schließlich fand man (längerfristig) Anschluss an das eurasische Weltsystem, was die Jahrtausende alte Isolation Amerikas beendete.

Dennoch ist das von den Spaniern entdeckte Amerika der Paradefall für eine umfassende ökologische Störung, die eine schwere Krise auslöste, was schließlich zur Katastrophe, also zum Zusammenbruch der älteren Struktur führte. Aus der Perspektive der zerstörten indigenen Kulturen war dies der *worst case* – ein totales Verschwinden unter Zurücklassung weniger Trümmer, die erst Jahrhunderte später von Archäologen und Historikern rekonstruiert werden konnten.

Die hohe Sterblichkeit der Ureinwohner stellte die Kolonisatoren vor ein schwieriges Problem: Sie hatten Land, aber keine Landarbeiter. Versuche, als Wildbeuter lebende Indianer zu versklaven und in die Silberminen zu schicken, scheiterten an deren Widerstand wie auch an hoher Sterblichkeit. Daher wurden bald Sklaven aus Afrika eingeführt, die am eurasischen *disease pool* partizipierten. Bis gegen 1800 sollen etwa zehn Millionen Sklaven von Afrika nach Amerika gebracht worden sein. Den importierten Sklaven standen etwa zwei Millionen weiße Immigranten gegenüber. Die meisten Sklaven wurden in tropischen Gebieten eingesetzt: 38 % in Brasilien, 40 % in der Karibik. Allein nach St. Domingo wurden doppelt so viele Sklaven gebracht wie nach Nordamerika.

Der Import von Sklaven aus Afrika hatte nun seinerseits wichtige epidemiologische Folgen (Kiple 2010). In Afrika waren Krankheiten wie Malaria oder Gelbfieber endemisch, sodass die dortige Bevölkerung recht gut adaptiert war. Die europäische Expansion brachte zunächst eurasische Krankheiten in die Karibik, wodurch die indigene Bevölkerung (fast) ausstarb. Als man dann Sklaven aus Afrika in die Karibik importierte, führte man ungewollt spezifisch afrikanische Erreger und deren Wirte mit ein, denen nun die Europäer zum Opfer fielen, die den wenigen endemischen Krankheiten der amerikanischen Ureinwohner leicht standgehalten hatten. Die Indios starben an europäischen und afrikanischen Krankheiten, die Weißen starben an afrikanischen Krankheiten, aber die Schwarzen überlebten beides, was die Europäer zu dem Schluss verleitete, Afrikaner seien eben besonders gut zur Plantagenarbeit in tropischen Gebieten geeignet. Es war dies ein Grund, weshalb sowohl die Versklavung von Indianern wie auch die Versuche, Weiße zur Zwangsarbeit in den Plantagen einzusetzen (*indentured servants*), wieder aufgegeben wurden.

Damit wurde aber in Amerika eine zweite Runde im Spiel zwischen Menschen und ihren Mikroparasiten eingeläutet: Der Import der Erreger von Malaria und Gelbfieber aus Afrika, der aufgrund der relativ kurzen Distanz und Reisezeit auf den Sklavenschiffen möglich war, führte dazu, dass Amerika, besonders die Karibik, für Europäer zu einem sehr ungesunden Ort wurde. Die Sterblichkeit war zunächst sehr hoch, doch sank sie im Laufe von einigen Generationen. Es bildete sich ein neuer *disease pool* im Sinne W. McNeills, in dem europäische (bzw. eurasische) mit afrikanischen Elementen kombiniert waren.

Die aus Europa stammenden Amerikaner entwickelten bis ins 18. Jahrhundert eine enorme Widerstandskraft. Dies erschwerte es rivalisierenden Ländern, Kolonien in Amerika militärisch zu erobern. Dies wurde zunächst in der Auseinandersetzung der europäischen Kolonialmächte um Inseln in der Karibik virulent. Es zeigte sich, dass jetzt die Verteidiger den Angreifern gegenüber epidemiologisch überlegen waren. Die Karibik wurde für Soldaten, die aus Europa kamen, zu einem sehr ungesunden Ort.

Als die Engländer im Mai 1655 die spanische Kolonie Jamaika eroberten, verloren sie innerhalb einer Woche durch Gelbfieber 47 % ihrer Truppen. In der Folge scheiterten mehrere Versuche der Franzosen, den Engländern diese Insel abzunehmen, an deren hoher Sterblichkeit durch Tropenkrankheiten. 1689 versuchten die Engländer vergeblich, den Franzosen Guadeloupe abzunehmen und sie verloren dabei rund 50 % ihrer Soldaten. Seit dieser Zeit galt als Faustregel, dass man eine karibische Festung nur im Handstreich einnehmen konnte, spätestens innerhalb einer Woche. Eine Belagerung kam nicht infrage, da die belagernde Streitmacht diese nicht überlebte.

John McNeill (2010) zieht daraus weitreichende Konsequenzen. Durch den Zusammenfluss eurasischer und afrikanischer *disease-pools* hat sich das kolonisierte Amerika als äußerst widerstandsfähig gegenüber Eindringlingen von außen erwiesen. Die Mikroorganismen haben gewissermaßen die Seiten gewechselt. Im 16. Jahrhundert standen sie auf der Seite der Eroberer und schwächten die Verteidigung so sehr, dass die indigene Kultur zusammenbrach. Seit dem späten 17. Jahrhundert hat sich das Verhältnis umgekehrt. Die Mikroorganismen halfen nun bei der Verteidigung, und eine Eroberung Amerikas aus Europa war nicht mehr möglich – eine Erfahrung, die zunächst die Briten und dann die Spanier machen mussten. Bis auf wenige Reste gab es um 1830 in Amerika keine europäischen Kolonien mehr.

Fazit

Die beiden großen Naturkatastrophen, die wir hier betrachtet haben, hatten jeweils sehr weitreichende historische Auswirkungen. In beiden Fällen kam es zu einem dramatischen Rückgang der Bevölkerung, doch reagierten die betroffenen Gesellschaften auf sehr unterschiedliche Weise auf diesen Schock. Im nordwestlichen Europa wurde die Phase der wilden, extensiven Expansion abgeschlossen und man ging zu einem „nachhaltigeren" Regime über. Ein wichtiges Merkmal dessen war die relative demografische Stagnation, die erst im 18. Jahrhundert in einigen Gebieten von einem neuen Wachstum abgelöst wurde. In Amerika bestand insofern eine Ausnahmesituation, als die Eroberer kaum von den Seuchen betroffen waren und daher in die Lücken hineingehen konnten, die die Seuche in die Herrschaftssysteme gerissen hatte. Das kolonisierte Amerika, das sich in der post-kolumbischen Zeit formierte, hatte mehr mit Europa gemein als mit dem prä-kolumbischen Amerika.

Auch in Amerika kam es zu einer allmählichen demografischen Erholung, allerdings mit einer vollständig veränderten Zusammensetzung der Bevölkerung. Um 1500 hatten sowohl Europa wie Amerika eine Gesamtbevölkerung von etwa 80–100 Mio. Die europäische Bevölkerung stieg bis 1800 auf etwa 180 Mio., verdoppelte sich also. Die Bevölkerung der britischen Inseln hat sich in diesem Zeitraum sogar mehr als verdreifacht (von 5 auf 16 Mio.). In Nordamerika dagegen ist die Zahl der indigenen Bevölkerung im selben Zeitraum von 5 Mio. auf 600.000

◘ Tab. 1 Bevölkerungsdichte (Personen pro km²), 1500 und 1800

Jahr	Indien	China	Anatolien	Europa	Amerika	Europa + Amerika
1500	23	23	8	14	2	3
1800	42	70	12	30	0,6	3,6

Eigene Berechnungen nach Daten von Webb (1952), Jones (1987), Livi-Bacci (1997). „China" umfasst die 18 Provinzen des chinesischen Kaiserreichs, „Europa" ist das Gebiet westlich von Russland, Weißrussland und der Ukraine.

zurückgegangen, während die Zahl der Immigranten und ihrer Nachkommen (Europäer und Afrikaner) auf etwa 5 Mio. gestiegen ist.

Was die Bevölkerungszusammensetzung betrifft, verwandelte sich Amerika also von einem „indianischen" in einen europäisch-afrikanischen Kontinent. Die große europäische Einwanderung nach Amerika setzte allerdings erst nach 1820 ein. Zwischen 1820 und 1930 verließen 55–60 Mio. Auswanderer Europa (das ist mehr als ein Viertel der gesamten europäischen Bevölkerung von 1820). Die Hälfte davon ging nach Amerika. Als Folge fiel der Anteil der Schwarzen von 19 % im Jahre 1800 auf 12 % in 1900. Um 1900 betrug die amerikanische Bevölkerung etwa 145 Mio. und lag damit weit über der indigenen Bevölkerung von 1500, während die Nachkommen der Ureinwohner nur noch einen Bruchteil davon ausmachten.

In ökonomischer Hinsicht wurde Amerika seit dem 17. Jahrhundert zu einem Bestandteil der von Europa dominierten expansiven Weltwirtschaft. Dies gilt weniger für die Vizekönigreiche Neu-Spanien und Neu-Peru, wo die Spanier versuchten, eine relativ selbstgenügsame agrarische Zivilisation nach iberischem Vorbild aufzubauen. In der Karibik und dem Territorium der späteren USA richteten die englischen und französischen Kolonisatoren dagegen weltmarktorientierte Produktionssysteme ein, die im Wesentlichen auf Sklavenarbeit beruhten. Diese neuen Ökonomien, die in keiner „feudalen" Tradition standen, bildeten gewissermaßen ein Experimentierfeld für neue produktive und finanzielle Arrangements, von denen aus ein Weg in die Kommerzialisierung und Industrialisierung führte.

Die beiden großen Seuchen in Europa und Amerika wurden dadurch zu Wegbereitern der späteren industriellen Transformation. Allein in demografischer Hinsicht waren die Spielräume für das dominante Europa nach 1500 enorm und ohne Parallele in der Welt (Tab. 1).

Wir können daraus erkennen, dass die Bevölkerungsdichte in Europa um 1500 deutlich niedriger war als in den Gebieten der beiden großen agrarischen Zivilisationen Indien und China. Addieren wir das „leere" Amerika zu den Räumen, die den Europäern um 1800 zur Verfügung standen, so wird deutlich, dass die Relation von Fläche zur Bevölkerung sensationell hoch war. Dies bedeutet, dass den Europäern natürliche Ressourcen von einem Umfang zur Verfügung standen, wie er in „reifen" agrarischen Zivilisationen nicht üblich war. Es ist zu vermuten, dass hier von der naturalen Seite her ein Grund dafür zu verorten ist, dass die Industrialisierung von Europa, und nicht etwa von China oder Indien ausging.

Bereits Adam Smith hat darauf aufmerksam gemacht, dass Arbeitsteilung und Produktivität in der Landwirtschaft nicht ebenso steigen können wie im gewerblichen Sektor. Dieses Argument wurde dann von Thomas Malthus und David Ricardo ausgeführt und von John Stuart Mill systematisch entfaltet. Wichtig daran ist, dass die Landwirtschaft die Rohstoffbasis für fast die gesamte vorindustrielle (d. h. vor-fossile) Ökonomie bildete. Sie lieferte nicht nur Nahrung, sondern zahlreiche gewerbliche Rohstoffe (Fasern wie Wolle, Hanf, Flachs, Baumwolle; Öle; Farben; Felle, Leder, Horn, Holz, Knochen etc.) und bildete die energetische Basis für die Nutzung mineralischer Rohstoffe (Salz, Keramik, Metalle, Ziegel). Wenn das Prinzip des abnehmenden Grenzertrags für die landwirtschaftliche Produktion galt, musste es daher früher oder später auch auf gewerbliche Sektoren durchschlagen, in denen Produktivitätsfortschritte möglich waren. Es war dies wohl der zentrale Grund dafür, dass es in Agrargesellschaften nicht zu längeren kontinuierlichen Prozessen des wirtschaftlichen Wachstums kommen konnte.

Agrarische Zivilisationen neigten dazu, ihre landwirtschaftliche Basis komplett auszureizen. Dies bedeutet, dass in einer reifen agrarischen Zivilisation die Bodenerträge (pro Flächeneinheit) nahe dem Maximum dessen lagen, was unter den vorliegenden ökologischen Bedingungen im Rahmen des Solarenergiesystems überhaupt möglich war. Wenn man sich dieser Grenze näherte, war dies in der Regel mit einem abnehmenden Grenzertrag der Arbeit verbunden, sodass die Arbeitsproduktivität insgesamt recht niedrig war. Daraus folgte, dass in reifen agrarischen Zivilisationen der Spielraum zur Freisetzung von Arbeitskräften für eine Beschäftigung außerhalb der Landwirtschaft recht gering blieb. Gewerbliche Arbeit wurde häufig in Kombination mit subsistenzwirtschaftlicher Landwirtschaft betrieben, etwa als Heimarbeit. Von diesem Muster ging (im Gegensatz zur Auffassung von Vertretern des Konzepts der „Protoindustrialisierung") kein Impuls zur Industrialisierung aus.

Die gewerbliche Bevölkerung musste aus Überschüssen der landwirtschaftlichen Produktion ernährt werden. Wenn es daher zu einer Steigerung des Anteils der gewerblichen Bevölkerung kommen sollte, musste es gleichzeitig eine Produktivitätssteigerung in der Landwirtschaft geben. Aufgrund des Gesetzes vom abnehmenden Grenzertrag wurde dies schwieriger, je weiter die Effizienz der Landwirtschaft bereits fortgeschritten war. Dies bedeutete, dass eine „Industrialisierung", die mit einem wachsenden Anteil der im gewerblichen Sektor Beschäftigten einhergehen musste, immer schwieriger und unwahrscheinlicher wurde, je avancierter die Landwirtschaft bereits war.

Um 1500 waren in England rund 80 % der Bevölkerung in der Landwirtschaft beschäftigt, sodass vier Bauern insgesamt fünf Personen ernährten. Um 1850 arbeiteten nur noch 20 % in der Landwirtschaft, sodass jetzt ein Bauer fünf Personen ernährte. Die Arbeitsproduktivität des Bauern hat sich also vervierfacht. Diese enorme Steigerung war nur möglich, weil das Ausgangsniveau niedrig lag, die englische Landwirtschaft des Mittelalters also extensiven Charakter trug. Eine „industrielle Revolution" war daher in einer jungen agrarischen Zivilisation wie der in Nordwesteuropa, wo noch recht große Innovationspotenziale in der Landwirtschaft bestanden, wahrscheinlicher als in alten, reifen Agrargesellschaften wie China, wo das Potenzial bereits weitgehend ausgereizt war.

Die Pointe der europäischen Entwicklung des 18. Jahrhunderts bestand darin, dass durch die sog. „landwirtschaftliche Revolution" im Rahmen des agrarischen *Ancien Régime* die Erträge beträchtlich gesteigert werden konnten. Die Flächenproduktivität stieg durch einfache Innovationen, die im Rahmen des Agrarsystems blieben und prinzipiell bereits 500 Jahre früher hätten stattfinden können. In China wäre dies nicht mehr möglich gewesen. Wenn England seine agrarische Produktion verdoppelt hätte, ohne eine Industrialisierung einzuleiten, dann wäre dieses erhöhte Nahrungsangebot mit der Zeit von einer wachsenden Bevölkerung aufgezehrt worden, was die Chancen einer künftigen Industrialisierung vermindert hätte.

Zwischen 1700 und 1800 kam es jedoch in Großbritannien zu einer Verdoppelung der Hektarerträge, ohne dass die in der Landwirtschaft beschäftigte Bevölkerung im gleichen Maße wuchs. Dies ermöglichte es, einen wachsenden Anteil einer urbanen Bevölkerung zu ernähren, die die demografische Basis der Industrialisierung bildete. Dieser Effekt beruhte also

◻ **Tab. 2** Bevölkerungsentwicklung in England, Japan und China in Mio., 1300–1750			
	England	**Japan**	**China**
1300	5,9	6	72
1750	6,2	31	270
Daten aus Clark (2007, S. 267)			

darauf, dass die solarenergetische Landwirtschaft Nordwesteuropas noch große Produktivitätsspielräume besaß, die im Rahmen des vorindustriellen Musters realisiert werden konnten. Der ultimative Grund hierfür war die späte Hochkulturalisierung Europas, die eine solche Beschleunigung ermöglichte: Europa hatte im 18. Jahrhundert noch nicht den malthusianischen *dead-lock* erreicht, der in reifen agrarischen Zivilisationen üblich war (Tab. 2).

Die Bevölkerung Englands ist also per saldo, nach dem Zusammenbruch durch den Schwarzen Tod und die Erholung in den folgenden Jahrhunderten, seit dem hohen Mittelalter konstant geblieben, während sie sich in Japan verfünffacht und in China verdreifacht hat. In China hat es Gebietszuwächse in der Manchurei, der Mongolei, in Sinkiang und Tibet gegeben, deren Qualität aber schwer einzuschätzen ist (vorwiegend unfruchtbare Steppe). Die Fläche von Japan ist konstant geblieben, was bedeutet, dass die Produktivität in der Landwirtschaft sich verfünffacht haben muss. Großbritannien dagegen konnte auf die gewaltigen Kolonialräume in Amerika (und später auch in anderen Gebieten wie Australien und Neuseeland) zurückgreifen, von wo man Nahrung und Rohstoffe bezog und wohin die Überschussbevölkerung auswandern konnte. Es ist daher sehr wahrscheinlich nicht übertrieben, wenn wir der Kombination der seuchenbedingten Bevölkerungszusammenbrüche in Europa und Amerika eine Schlüsselfunktion für die Industrialisierung zuschreiben.

Literatur

Abel W (1955) Die Wüstungen des ausgehenden Mittelalters. Fischer, Stuttgart

Abel W (1978) Agrarkrisen und Agrarkonjunktur. Parey, Hamburg Berlin

Anderson JJ, Jones EL (1988) Natural disasters and the historical response. Aust Econ Hist Rev 28:3–20

Behringer W (2007) Kulturgeschichte des Klimas. Von der Eiszeit bis zur globalen Erwärmung. Beck, München

Benedictow OJ (2004) The Black Death, 1346–1353. The complete history. Boydell, Woodbridge

Benedictow OJ (2010) What disease was plague? On the controversy over the microbiological identity of plague epidemics of the past. Brill, Leiden

Bos KI et al (2011) A draft genome of Yersinia pestis from victims of the Black Death. Nature 478:506–510

Bowlus CR (1980) Ecological Crisis in 14th Century Europe. In: Bilsky LJ (Hrsg) Historical Ecology. Essays on Environment and Social Change. Kennikat, Port Washington/London, S 86–99

Burnet FM (1953) Natural History of Infectious Disease. University Press, Cambridge

Cavalli-Sforza LL, Menozzi P, Piazza A (1994) The History and Geography of Human Genes. Princeton University Press, Princeton

Clark G (2007) A farewell to alms. A brief economic history of the world. Princeton University Press, Princeton

Cohen MN (1989) Health and the Rise of Civilization. Yale University Press, New Haven, London

Cook ND (1998) Born to Die. Disease and New World conquest. Cambridge University Press, Cambridge, S 1492–1650

Cook SF, Borah W (1960) The Indian population of Central Mexico. University of California Press, Berkeley, S 1531–1610

Crosby AW (1972) The Columbian Exchange. Biological and cultural consequences of 1492. Greenwood, Westport

Crosby AW (1986) Ecological Imperialism. The biological expansion of Europe, 900–1900. Cambridge Univerity Press, Cambridge

Crosby AW (1994) Germs, Seeds and Animals. Studies in ecological history. Sharpe, Armonk

Dobyns HF (1966) Estimating Aboriginal American Population. An Appraisal of Techniques with a New Hemispheric Estimate. Curr Anthropol 7:395–416

Dobyns HF (1983) Their Number Become Thinned. Native American Population Dynamics in Eastern North America. University of Tennessee Press, Knoxville

Duncan CJ, Scott S (2005) What caused the Black Death? Postgrad Med J 81:315–320

Ewald P (1994) The Evolution of Infectious Disease. Oxford University Press, Oxford

Fernandez-Armesto F (1987) Before Columbus. Exploration and Colonization from the Mediterranean to the Atlantic. Macmillan, Houndmills, S 1229–1492

Fontana Economic History of Europe. Fontana, London 1972–1974

Glaser R (2000) Klimageschichte Mitteleuropas. 1000 Jahre Wetter, Klima, Katastrophen. Wissenschaftliche Buchgesellschaft, Darmstadt

Grove JM (2004) Little ice ages. Routledge, London

Henige D (1998) Numbers from Nowhere. The American Indian Contact Population Debate. University of Oklahoma Press, Norman

Herlihy D (1997) The Black Death and the Transformation of the West. Harvard University Press, Cambridge

Huizinga J (1975) Herbst des Mittelalters. Alfred Kröner, Stuttgart

Jones EL (1987) The European Miracle. Environments, Economics and Geopolitics in the History of Europe and Asia, 2. Aufl. Cambridge University Press, Cambridge

Karlen A (1996) Die fliegenden Leichen von Kaffa. Eine Kulturgeschichte der Plagen und Seuchen. Volk und Welt, Berlin

Kiple K (2010) Biology and African Slavery. In: Paquette RL, Smith MM (Hrsg) The Oxford Handbook of Slavery in the Americas. Oxford University Press, Oxford, S 293–311

Laland K et al (2000) Niche Construction, Biological Evolution and Cultural Change. Behav and Brain Sci 23:131–146

Le Roy Ladurie E (1973) Un concept: L'unification microbienne du monde (XIV–XVIIIe siècles). Schweiz Z für Gesch 23:627–96

Livi-Bacci M (1991) Population and Nutrition. Cambridge University Press, Cambridge

Livi-Bacci M (1997) A Concise History of World Population, 2. Aufl. Blackwell, Oxford

Macfarlane A (1978) The Origins of English Individualism. The family, property and social transition. Blackwell, Oxford

Mann CC (2011) 1493. How Europe's discovery of the Americas revolutionized trade, ecology and life on earth. Granta, London

Marquardt B (2003) Umwelt und Recht in Mitteleuropa. Von den großen Rodungen des Hochmittelalters bis ins 21. Jahrhundert. Schulthess, Zürich

Martin PS (2005) Twilight of the Mammoths. University of California Press, Berkeley

Matossian MK (1997) Shaping World History. Breakthroughs in ecology, technology, science, and politics. Sharpe, London

McNeill JR (2010) Mosquito empires. Ecology and war in the Greater Caribbean. Cambridge University Press, Cambridge, S 1620–1914

McNeill WH (1976) Plagues and Peoples. Anchor, Garden City

Mokyr J (1990) The Lever of Riches. Technological creativity and economic progress. Oxford University Press, New York

Pfister C (1999) Wetternachhersage. 500 Jahre Klimavariationen und Naturkatastrophen. Haupt, Bern, S 1496–1995

Pfister C (2007) Climatic Extremes, Recurrent Crises and Witch Hunts: Strategies of European Societies in Coping with Exogenous Shocks in the Late Sixteenth and Early Seventeenth Centuries. The Mediev Hist J 10:33–73

Raudzens G (2001) Outfighting or outpopulating? Main Reasons for Early Colonial Conquests, 1493–1788. In: Raudzens G (Hrsg) Technology, Disease and Colonial Conquest, 16th to 18th Centuries. Brill, Leiden, S 31–57

Rindos D (1984) The Origins of Agriculture. An Evolutionary Perspective. Academic Press, Orlando

Shrewsbury JFD (1970) A History of Bubonic Plague in the British Isles. University Press, Cambridge

Stannard DE (1992) American Holocaust. Columbus and the Conquest of the New World. Oxford University Press, New York

Te Brake WH (1975) Air Pollution and Fuel Crises in Preindustrial London, 1250–1650. Technol and C 16:337–359

Twigg G (1984) The Black Death. A Biological Reappraisal. Batsford Academic, London

Ubelacker DH (1992) North American Indian Population Size: Changing Perspectives. In: Verano JW, Ubelacker DH (Hrsg) Disease and Demography in the Americas. Smithsonian Institution Press, Washington, S 169–76

Webb WP (1952) The Great Frontier. Houghton Mifflin, Boston

Whitmore TM, Turner BL, Johnson DL, Kates RW, Gottschang TR et al (1990) Long-Term Population Change. In: Turner BL (Hrsg) The Earth as transformed by human action. Cambridge University Press, Cambridge, S 25–39

Wrigley EA (1997) English population history from family reconstitution, 1580–1837. Cambridge University Press, Cambridge

Der Mensch entscheidet im Anthropozän

Konsequenzen aus der Entdeckung eines neuen Erdzeitalters

Claus Leggewie

B. Herrmann (Hrsg.), *Sind Umweltkrisen Krisen der Natur oder der Kultur?*,
DOI 10.1007/978-3-662-48139-4_5, © Springer-Verlag Berlin Heidelberg 2015

Wenn die Differenz Natur/Kultur im Anthropozän unter dem Gesichtspunkt einer gemeinsamen oder verschränkten Krise zwar nicht aufgehoben, aber fluide wird, welche Folgen hat das für eine Wissensordnung, die beide Denkbereiche über Jahrhunderte separiert und sich auf jeweils eine Hälfte spezialisiert hat? Wenn ferner das soziale Handeln und die politische Intervention durch „planetary boundaries" eingeschränkt werden, was bedeutet dies für die Gegenwarts- und Zukunftswahrnehmung moderner Gesellschaften? Wenn damit Reflexion zunehmend ins Futur zwei wechselt (was werden/sollen wir getan haben?), was heißt das wiederum für die Wissensordnungen, die zahllose *known* und *unknown unknowns* registriert, also Ungewissheit zur Regel macht? Und wie stellen sich natur-, geistes- und kulturwissenschaftliche Disziplinen auf die neue Wissensordnung ein? Was können eventuell die Künste beitragen? Welche Rolle spielen Laien, „einfache Bürger" in diesen Wissensordnungen?

Vermeers Augenblick

Auch wenn wir längst mehr Antworten parat haben müssten und könnten, sollten wir die angeschnittenen Fragen auf uns wirken lassen und uns besinnen. Eine Inspiration bietet der niederländische Maler Jan Vermeer und sein berühmtes Bild „Der Geograph" von 1669 (Abb. 1). Das 51,6 × 45,4 cm große Bild zeigt, erkennbar an seinem damals modischen Gewand japanischen Stils und an den typischen Utensilien dieser Studierkammer, einen Vertreter dieser damals hochangesehenen Profession; dem „Astronomen" hat Vermeer zeitgleich ein analoges Bild gewidmet. Die Kenner des Himmels und der Erde, hier speziell der Meere, hatten eine immense Bedeutung für die erste Phase der Globalisierung, in der sich der Mensch die Erde, auch mithilfe des Blicks auf die Sterne, untertan gemacht hat. Der Zirkel vermisst die Räume, die Erdkugel eröffnet sie. Das Zeitalter der Entdeckungen war an den Küsten weit vorangeschritten, nun wurde das Hinterland erschlossen und intensiv Welthandel getrieben. In diesem Prozess waren die Niederlande eine führende Macht, die als Republik rasch zu Reichtum kam. Erst Ende des 17. Jahrhunderts wurde diese merkantile Hegemonie durch England und Frankreich herausgefordert.

Die Kunstgeschichte hat sich diesem (wie immer bei Vermeer) rätselhaften Bild in allen Details zugewandt, von denen eines heraussticht: der Blick des Geografen, den ich in freier Auslegung dem Maler selbst als „Vermeers Augenblick" zuschreiben möchte. Die infrarotreflektografische Analyse des Bildes belegt mehrere Varianten der Kopfhaltung und Blickrichtung. Die von Vermeer zuletzt gewählte ist nicht die aus dem Fenster in die Welt und nicht die auf die vor ihm liegenden Karten und Bücher mit dem kondensierten Wissen über sie; es scheint eher introvertiert zu sein und einen Moment des Nachdenkens und der Selbstreflexion

□ **Abb. 1** JanVermeer van Delft
(1632–1675) Der Geograph. Städel-
sches Kunstinstitut Frankfurt/Main
(vgl. Staatliche Museen Kassel 2003)

einzufangen. Gesicht und die linke Hand sind „erleuchtet". Das rekurriert auf alte Bildtradi-
tionen des göttlich erleuchteten Gelehrten, aber hier setzt sich die moderne Naturwissenschaft
selbst in Szene, mitsamt ihrer exakten Methodologie, die Vermeer als Vorbild auch der Malerei
ansah.

Einen solchen selbstreflexiven Augenblick sollte der gegenwärtigen Wissenschaft und Wissenschaftspolitik gegönnt werden. Wenn dieser Impuls von der Geografie ausgeht, ist das
durchaus angemessen, denn in der zunehmenden Spezialisierung der Gelehrtenrepublik seit
dem 17. Jahrhundert hat sie immer ein Standbein in den Naturwissenschaften und ein anderes
in den Kulturwissenschaften behalten, also die Separation der beiden Sphären oder Wissensordnungen nicht mitgemacht, um deren Wiederzusammenführung es in meinem Beitrag
gehen soll. Unter Wissensordnung verstehe ich den stets (im sozialwissenschaftlichen Sinne)
kontingenten und reversiblen Versuch, das Wissen einer Zeit in Bezug auf eine unterstellte
Ordnung der Dinge zu systematisieren. Beispiele sind die Bibel, die neuzeitlichen Enzyklopädi-
en bis hin zu Wikipedia, die wiederum chronologisch, disziplinär oder taxonomisch geordnet
sein können (vgl. Foucault 1966, 1969). Dass der Appell von einem Künstler ausgeht, ist ebenso
passend. Denn auch die Künste haben bei der Neujustierung heutiger Wissensordnungen eine
wichtige Funktion. Und dass die Erinnerung an Vermeer uns schließlich in die Niederlande zurückführt, ist ebenfalls richtig, denn außer dem Handel, den Künsten und den Wissenschaften
florierte dort ein selbstbewusstes Bürgertum, das ein gewichtiges Wort mitreden wollte.

Erdgeschichte revisited: Die Anthropozän-These

Geowissenschaftler und Erdhistoriker setzen die Entstehung unseres Planeten vor rund
4,6 Mrd. Jahren an und unterteilen die letzten rund 540 Mio. nach Historikerart in Alter-
tum, Mittelalter und Neuzeit und diese wiederum in Perioden. Deren letzte, das Quartär,
soll vor immer noch unvorstellbaren 2,6 Mio. Jahren begonnen und jene Eigenschaften der
Erde entwickelt haben, die unsere heutige Welt ausmachen: das Relief der Kontinente, Meere
und Gebirge, Flora und Fauna. Die Entwicklung des Homo sapiens legt die Internationale

Stratigrafische Gesellschaft, die solche Periodisierungenerarbeitet und benennt, auf die letzten 200.000 Jahre, das ist in der Geschichte des Planeten nicht mal ein Wimpernschlag. Die „International Commission on Stratigraphy" mit Sitz in London beschreibt ihre Aufgabe so: „The International Commission on Stratigraphy is the largest and oldest constituent scientific body in the International Union of Geological Sciences (IUGS). Its primary objective is to precisely define global units (systems, series, and stages) of the International Chronostratigraphic Chart that, in turn, are the basis for the units (periods, epochs, and age) of the International Geologic Time Scale; thus setting global standards for the fundamental scale for expressing the history of the Earth." (*www.stratigraphy.org*). In der ICS wurde eine formelle Arbeitsgruppe unter Vorsitz von Jan Zalaziewics eingerichtet.

Der Mensch erscheint im Holozän hat Max Frisch in einer Erzählung sprichwörtlich, wenn auch wissenschaftlich etwas inkorrekt, verbreitet (Frisch 1998, S. 205–300). Herr Geiser, der Antiheld des Romans, wird durch eine Naturkatastrophe in einem Tal eingeschlossen; um sein Gedächtnis zu stützen, klaubt er Wissen aus einem Brockhaus Lexikon zusammen. Obwohl es ein privates Drama ist, erscheint mir das als ein gelungenes Bild für die Verwirrung, in die uns allerjüngste erdhistorische Entwicklungen stürzen könnten.

Der Mensch ist nun, vor allem in den letzten 200 Jahren, nicht allein Nutznießer von Veränderungen der äußeren Natur, die er als Rohstoff umwandelt und (aus seiner Sicht) veredelt, beziehungsweise der Leidtragende von Vulkanausbrüchen, Erdbeben und dergleichen. Erstmals in Millionen Jahren ist er Miturheber, wenn nicht Hauptverursacher erdgeschichtlicher Entwicklung. Ein Geophysiker, der nicht nur die Welt im Wandel beobachtet, sondern sie umpflügt und dabei so tiefgreifend verändert wie Erdbeben und Vulkanausbrüche. Waldrodungen, extensiver Fischfang, die Nutzung von über zwei Drittel des eisfreien Festlands für Ackerbau und Urbanisierung hat den Menschen zum geomorphologischen Faktor werden lassen. Das ist kein Bild, keine Metapher und kein Konstrukt, es ist materiale Tatsache.

Demonstrieren kann man das vor allem am Klimawandel. Der Wechsel kälterer und wärmerer Perioden ist nicht neu, im Verlauf der von Europa in die ganze Welt ausstrahlenden Industrialisierung ist der Wandel des Klimas aber wesentlich vom Menschen selbst gemacht. Auch andere das Erdsystem beeinflussende und formende Prozesse kommen in diesem Zeitraum in Gang. Dass der Mensch als „neue tellurische Macht" es an Kraft und Universalität mit den großen Gewalten der Natur aufnehmen könne, vermutete der italienische Geologe Antonio Steppani schon 1873. Er verfolgt sozusagen in Echtzeit einen Einschnitt, den die Industrielle Revolution mit einem radikal veränderten Sozialmetabolismus bringt, ablesbar an relativ kongruenten Beschleunigungsprozessen in diversen Ökosubsystemen, die sich grafisch allesamt zu den berühmt-berüchtigten Hockeyschlägerfiguren fügen.

Im Jahr 2002 prägte der Atmosphärenchemiker und Nobel-Preisträger Paul Crutzen den Terminus *Anthropocene* und die paradoxe Formel von der „Geologie der Menschheit" (erstmals Crutzen und Stoermer 2000; siehe auch Crutzen 2011; Zalasiewicz et al. 2008).

Als Anthropozän bezeichneten er und Stoermer (mit dem griechischen Wort *anthropos* für Mensch) eine neue erdgeschichtliche Periode: Der Mensch ist der Haupttreiber nicht nur der Kultur-, sondern auch der Naturgeschichte, indem er den Planeten bearbeitet, durchwirkt und zunehmend ruiniert. „Imprint upon Earth" ist hier das verbindende Stichwort. Die Chronostratigraphie erörtert noch, ob sie den Begriff anerkennen will und wie man ihn gegebenenfalls datieren kann, einige Geologen finden bei Grabungen bereits empirische Belege.

Um einen Beleg zu nennen: Geowissenschaftler sehen einen engen Zusammenhang zwischen Erdölbohrungen der Padania Energia im norditalienischen Cavone und den Erdstößen in der Umgebung, die 2012 27 Menschenleben und Milliarden Sachschäden gekostet haben.

The Economist berichtete am 3. Mai 2014 mit dem Beitrag „Man-made earthquakes. Oil extraction may have triggered fatal earthquakes in Italy" über dieses Ereignis. Der Mensch als Tektoniker, der selbst die Erdplatten verschiebt, ist keine *Science-Fiction* mehr. Ähnliches ist 1984 für Usbekistan belegt, und das nun überall aufgenommene Fracking, das hydraulische Aufbrechen, um an tiefe Lagerstätten von Gas und Öl zu gelangen, könnte ähnliche Risiken in sich bergen. Generell sind planetarische Urbanisierung, Bohrungen für Rohre, Tunnel, U-Bahn-Schächte, Stollen und zahllose Gas- und Telefonleitungen, Deponien für radioaktiven Abfall und chemischen Müll, für Erdgas oder Trinkwasser (täglich ein neuer Staudamm) mehr als Nadelstiche in die Erdoberfläche; die ausufernde Störung des Untergrunds in Tiefen von mehr als fünf Kilometern durch eine biologische Spezies namens Mensch, schrieb eben ein Forscherteam, bedeute eine erhebliche geologische Intervention, für die es keinen Vergleich in der Erdgeschichte gebe. Jedes Jahr werden 9 Gigatonnen Kohle aus dem Boden gebuddelt, weitere 2,2 Gigatonen für Eisenerze und die Zementproduktion bewegt, 13 Gigatonnen Sand auf Laster und Kähnen verladen. Biotechnologie und Atomkraft könnten stärkere Wucht besitzen als geologische Großereignisse.[7]

Mehrere naturwissenschaftliche Zeitschriften und anspruchsvolle Blogs tragen den Begriff Anthropozän mittlerweile im Titel wie „The Anthropocene Review" bei Sage (2014 ff.) und „Anthropocene" bei Elsevier (2013 ff., Abb. 6). Begründet wird deren Gründung mit dem Konsens über „the onset of processes through which human activities began to move crucial aspects of Earth System function well outside the preceding envelope of variability".

Der Begriff ist offenbar nicht sperrig und auch nicht apokalyptisch genug, als dass er nicht auch außerhalb des Geologenkreises die Runde machte und regelrecht „in" wurde. Er inspiriert seit einigen Jahren Künstler und Kunstakademien, politische Magazine machen damit auf, Schulen und Universitäten bieten Kurse an. Einige populärwissenschaftliche Publikationen brachten das Konzept der „Menschenzeit" (Schwägerl 2010; vgl auch: Zalasiewicz 2009) in die Alltagssprache. Das in Berlin entstehende, vom BMBF initiierte „Haus der Zukunft" unter dem designierten Direktor Reinhold Leinfelder ist wesentlich durch diesen Ansatz bestimmt.[8]

Die Anthropozän-These kann auf ältere, klassisch und kanonisch gewordene Analysen rekurrieren, die einschneidende Veränderungen der Erd- und Menschheitsgeschichte dingfest machen wollten: Leopolds *Sand County Almanac* von 1949 anhand veränderter Landnutzung (Leopold 1949), Carsons *Silent Spring* von 1962 an der Wirkung von Pestiziden (Carson 1962), Ehrlichs *Population Bomb* von 1968 anhand des Bevölkerungswachstums (Ehrlich 1968), Hardins *Tragedy of the Commons* an der Übernutzung von Allmendegütern (Hardin 1968), und die Modellprojektionen des Club of Rome von Meadows *Limits to Growth* von 1972 (Medows 1972), aber ohne deren zum Teil monokausale und malthusianische Zuspitzungen. Konsens ist wohl, dass all diese Interventionen unser Erdsystem in immer mehr Hinsichten an die Grenzen seiner Tragfähigkeit gebracht haben, zum Teil schon über diese hinaus reichen, etwa mit dem in vielen Gattungen irreversiblen Artensterben. Einige Paeläontologen und Biologen um Anthony Barnosky sprechen von einer sechsten Massenausrottung und fordern erheblich verstärkte Konservierungsanstrengungen (Barnosky et al. 2011; Stuart Chapin III et al. 2000; von Tilzer 2009).

Immer mehr Umweltforscher fordern mit einiger Dringlichkeit auf, Leitplanken aufzuziehen, um das Überschreiten der planetarischen Grenzen zu verhindern. Das bekannteste Beispiel ist die Forderung, durch den Verzicht auf fossile Energien die Erderwärmung auf

---

[7] Zahlen der Working Group on the ‚Anthropocene' zitiert nach: taz.dietageszeitung (2014)
[8] Vgl. Reinhold Leinfelders Blog http://www.scilogs.de/der-anthropozaeniker/.

zwei Grad gegenüber dem vorindustriellen Niveau zu begrenzen, um ein gefährliches Umkippen zu vermeiden. Bei diesen *Tipping points* des Erdsystems handelt es sich nicht um ein apokalyptisches Gruselkabinett, sondern um Szenarien auf der Basis messbarer und sich nachweislich zuspitzender Naturphänomene. Ein Kaskadeneffekt liegt im Bereich des Möglichen, aber er ist weder zwingend noch unaufhaltsam und erfordert, so die reflexive Dimension des geowissenschaftlichen Anthropozentrismus, starke menschliche Korrekturhandlungen. Johan Rockström, in dessen Stockholm Environment Institute viele Anthropozän-Aktivitäten zusammenlaufen, forderte mit einer Autorengemeinschaft in einem epochalen *Nature*-Artikel (Rockström 2009) die Etablierung planetarischer Leitplanken, die vor allem Klimawandel, Artensterben und den Nitrogen-Zyklus begrenzen sollen, ferner den Phosphor-Zyklus, die Ozonschicht, die Meeresversauerung, die globalen Frischwasser-Ressourcen, den Landverbrauch, die chemische Verschmutzung und die Aerosole betreffend. Offen sind die präzise Quantifizierung, die Wechselwirkung der Bereiche und die letztendliche Gefährlichkeit der aufgezeigten Transgressionen im Blick auf die Resilienz und Anpassungsfähigkeit des Erdsystems und die Entwicklung der Technologien.

Eine auch nach globalen und lokalen Phänomenen differenzierende Operationalisierung hat der WGBU 2014 (WBGU 2014b) vorgenommen, die auch in das *High-Level Panel on Global Sustainability* eingeflossen ist, das im Herbst 2014 seinen Bericht an den UN-Vorsitzenden Ban Ki-Moon vorgelegt hat.

Damit wird Anthropozän auch ein politischer Begriff bzw. als Blaupause für die politische Reform des Weltsystems eingeführt (Barnosky et al. 2014a, 2014b; Biermann 2014). Im Blick auf anthropogenen Klimawandel, daran hat gerade wieder nachdrücklich der Weltklimarat der Vereinten Nationen erinnert, muss eine achtsame, nachhaltige und verantwortliche Politik des Klimaschutzes an die Stelle der planlosen Expansion treten. Das ist leichter gesagt und von anderen, speziell der politischen Elite gefordert, als selbst, durch eine verantwortliche Weltbürgerbewegung getan (WBGU Sondergutachten 2014a; WBGU Sondergutachten 2009). Denn Anthropozän heißt ja nur, dass die aktuelle Umweltkrise von Menschen gemacht wurde; sie besagt *nicht*, dass Menschen auch schon probate Auswege gefunden haben. Anthropozän ist gerade nicht die Bekräftigung des anthropozentrischen Weltbildes, das Naturbeherrschung zum Programm erhob, daran aber offenbar gescheitert ist und nun den Rückschlag seines Herrscherdrangs zu registrieren hat. Angebracht sind eher Demut und Respekt. Der Mensch hat sich selbstbewusst ans Steuer der Erdgeschichte gesetzt, kannte aber weder Richtung noch Ziel und ist erst einmal drauf losgefahren.

Kurz streifen möchte ich erste Kritiken des Anthropozän-Ansatzes, die aus den Kultur- und Sozialwissenschaften kommen. Jürgen Manemanns „Plädoyer für eine neue Humanökologie" (2014) erblickt darin nur eine neue Stufe des Antropozentrismus. Die Debatte wird gespiegelt in der Kontroverse über die grundlegenden Prinzipien des Naturschutzes, die in den letzten Jahren entfacht wurde. Eine Denkschule sieht Biodiversität und ökologische Komplexität als Wert an sich, die speziell durch menschliche Eingriffe bedroht sind (Soulé 1985), während eine andere Denkschule den Wert des Naturschutzes im Schutz für die Menschen ansiedelt, also in der Bereitstellung von Ökosystemleistungen wie sauberes Wasser, saubere Luft und guten Böden. Biodiversität ist demnach kein Ziel an sich, sondern sozialen Fragen von Gleichheit und Gerechtigkeit und den Menschenrechten untergeordnet (Kareiva und Marvier 2012; dagegen Soulé 2013; vgl. Wuerthner et al. 2014). Dazu passt Franz Mauelshagens Begriff der Soziosphäre, den er von dem Soziologen Kenneth Boulding adaptiert hat, der auf die sozialwissenschaftliche Unterbestimmtheit des Anthropozän-Begriffs hinweist. Denn nicht „der Mensch" im Allgemeinen ist Treiber der Erdgeschichte, sondern konkrete Gesellschaften, deren

Eingriff in die natürliche Umwelt von sozialstrukturellen und historisch variablen Parametern bestimmt wird, wie er vor allem am Beispiel der Klimageschichte deutlich gemacht hat (Maulshagen 2012, 2013; vgl auch Malm und Hornberg 2014).

Exkurs: Inspiration für und durch die Künste? Das Anthropozän-Projekt

Klimawandel als Kulturwandel zu betrachten heißt, einen Prozess, dessen Status sich messen und möglicher Fortgang mithilfe von komplexen Modellen in *Best-* und *Worst Case-*Szenarien vorhersagen lässt, in seiner sinnlichen und symbolischen Qualität begreiflich zu machen. Begreiflich im Doppelsinn seiner konkreteren, emotionalen Erfahrung und seiner Deutung in Kategorien des allgemeinen Menschenverstands, der bekanntlich erst einmal Verluste befürchtet, Risiken scheut, aber auch zu sozialer Innovation und alternativen kulturellen Praktiken fähig ist. Übersetzungsleistungen ermöglichen die Künste (hier bekannte Beispiele von Land art von Richard Long und Christo & Jeanne-Claude) sowie kunstaffine Experimente mit konvivialem Zusammenleben, die man in der Stadtentwicklung, im Nachbarschaftsquartier, in der Hausgemeinschaft, bei der Arbeit, in Vereinen und Bürgerinitiativen einüben kann. Exemplarisch herausgreifen kann man das „verspielt megalomane" (FAZ) Anthropozän-Projekt des Berliner „Hauses der Kulturen der Welt" in 2013/2014, das erwartbare Bezugnahmen ebenso vermied wie den allfälligen Ökokitsch, der unter diesem Label Platz gegriffen hat und sich als politische Kunst versteht.

Die Lektionen der Naturwissenschaftler werden performativ verflüssigt, die künstlerische Auseinandersetzung bekommt einen dokumentarisch-repräsentativen Charakter, wobei es den Künsten leichter fällt, die Gräben zwischen Natur und Kultur zu überwinden und eine Situation kühl anzuschauen, in der eine festgefügte Ordnung des Weltwissens ins Wanken gerät. Kunst nimmt, als Metadiskurs, als öffentliche Intervention und als Reintegration marginalisierter Elemente, das Wagnis auf sich, eine neue Ära über festgefügte Gattungsgrenzen hinweg zu kartografieren. Hinzuweisen ist auch auf eine Parallelaktion in der Londoner Serpentine Gallery. In einem Kommentar heißt es im Bezug auf deren Ehrenvorsitzenden, Aktionskünstler Gustav Metzger, „dass es destabilisierender Darstellungen bedarf, will man nicht in der Sprache derer argumentieren, deren Kurven und Diagramme, deren Denken Teil des Problems ist. (...) Denn der Unterschied zwischen einer zu 90 und einer zu 100 Prozent ausgerotteten Spezies beträgt eben mehr als zehn Prozent und lässt sich mit einer mathematischen Kurve nicht wirklich darstellen". Und was nützt es zu wissen, ob die Gefahr einer weltweiten Überschwemmung wahrscheinlich größer oder kleiner ist als die eines Asteroiden-Absturzes?

In solchen Reformulierungen liegt die Leistung der sozialkonstruktivistischen Forschung. Vermutlich steht die Menschenerdgeschichte an einem ähnlichen Punkt wie die ersten Höhlenmaler, die eine bis heute gültige, aber ins Wanken geratene Repräsentationsbeziehung zwischen Mensch und Welt, Subjekt und Objekt, Natur und Kultur etabliert haben. Ein neuer Vermeerscher Augenblick, aber es könnte sogar die Kunst überfordert sein. Bezeichnend ist die Resignation des brasilianischen Fotografen und Reporters Sebastiao Salgado, dem wir faszinierende und erschreckende sozialdokumentarische Bilder über das Elend der Welt, darunter ihre aus übermäßiger Profitgier betriebene Zerstörung verdanken, darunter die Fotoreportage von 1986 über Goldschürfer in der brasilianischen Goldmine Serra Pelada, der sich aber seit 2004 mit dem Genesis-Projekt auf (vermeintlich) unberührte Naturlandschaften verlegt hat.

Wissensordnungen: die Erosion der Natur-Kultur-Differenz

Und die Wissenschaft(en)? Die wohl größte Denkherausforderung für etablierte Wissensordnungen der technisch-instrumentellen Zivilisation wird sein, die belebte und unbelebte Natur, Umwelt genannt, nicht länger als bloßes Objekt wissenschaftlicher Forschung, technischer Umformung und kultureller Ausdeutung herzunehmen, wie es im Holozän der Fall war, mit allen den Wohlstand fördernden und auf der anderen Seite zerstörerischen Folgen. Da nun die relative Ruhe des Holozän, stabiles Klima, wenig Meteoriteneinschläge, aushaltbare Umweltkatastrophen, vorüber ist, wäre die demütigere Haltung der neuen Jetztzeit, Natur als unberechenbaren, aber nicht per se schon „gefährlichen" Mitakteur zu begreifen. Die meisten Naturwissenschaftler und Ingenieure werden auch dieses Ansinnen als blanken Unsinn und magisches Denken zurückweisen. Doch in den Ursprüngen neuzeitlicher Wissenschaft war diese Haltung Standard; frühe Gelehrte strebten nicht so rasch in die Spezial-Disziplinen aus, sie kannten sich besser in einer umfassenden, heute würde man sagen: systemischen Wissensordnung mit ihren Wechselwirkungen und kosmischen Bezugspunkten aus.

Der französische Anthropologe und Levi-Strauss-Nachfolger am Collège de France, Philippe Descola hat auf der Grundlage seiner ethnologischen Studien bei indigenen Völkern in Afrika, Amazonien, Sibirien und Neuguinea die kulturspezifische Begrenztheit unserer westlich-modernen Kosmologie herausgearbeitet, die Natur und Kultur in zwei Etagen platziert (Descola 2005), wobei letztere mit mehr oder weniger schlechtem Gewissen die *Bel étage* bezogen hat. Neben dem die globale Entwicklung und die zugrundeliegenden Modernisierungstheorien stützenden Dualismus des Westens stehen, als Denkmöglichkeit, deren Reinigung oder „Extinktion" Programm war, totemistische, animistische und analogistische Weltbilder zur Verfügung, um die Welt mit anderen Augen betrachten zu können.

Diese Lektüre macht es nicht überflüssig, Natur und Gesellschaft, Mensch und Umwelt, belebte und unbelebte Natur etc. zu unterscheiden, macht jedoch zweifelhaft, ob dies in den Kategorien einer Wissenschaftsgeschichte zu leisten ist, die gerade einmal zweitausend, in ihrer disziplinären Ausdifferenzierung 200 Jahre alt ist. *Diesen* Gegensatz (mit dem auch der Heidelberger Workshop und seine leitende Fragestellung operierte) gibt es vielleicht gar nicht, und es lohnt sich, Descolas Dekonstruktion des Dualismus der autonomen Welten zu folgen, der sich mit der Etablierung erst der verstehenden Geisteswissenschaften (Dilthey und andere), dann der Kulturwissenschaften (Rickert und andere) gegenüber den nomothetischen Naturwissenschaften als rigide Wissensordnungen etabliert haben. Und andere Kosmologien anzuerkennen, auch wenn sie weltgesellschaftlich marginalisiert und vom völligen Verschwinden bedroht sind.

Wer das mit Naturromantik verwechselt, dem sei aus einer Sicht, die ganz tief in die Erd- und Menschheitsgeschichte zurückblickt, entgegengehalten, dass es der Evolution völlig gleichgültig ist, welche Dauer Menschen von heute der Fußnote menschlicher Existenz auf Erden noch geben wollen. Auch wer das mit der Verkündung der Apokalypse oder gar der Ökodiktatur verwechselt, hat die Pointe des Anthropozän missverstanden. Gefragt ist ein Weltbild, in dem der heutige Mensch Verantwortung übernimmt, für die Prozesse, die seine Vorfahren unbewusst, oft auch schon wieder besseres Wissen in Gang gesetzt haben, und für die Generationen, die nun folgen und denen man nach allen Geboten des Anstands die negativen Folgen nicht einfach zuschieben kann.

Kultur- UND Naturwissenschaften: *Environmental Humanities*?

Angestoßen durch die zum Teil katastrophische Dynamik des Erdsystems und die damit verbundenen Verstehensleistungen, aber auch als Effekt der ubiquitären Forderung, interdisziplinär tätig zu werden, haben sich Natur- und Kulturwissenschaften seit Längerem aufeinander zubewegt. Für die Kulturwissenschaften öffnete sich damit ein interessantes Gelegenheitsfenster. Sie erkaufen dies aber durch eine strukturelle Anpassung an Usancen des naturwissenschaftlichen Forschungsbetriebs und die ihnen meist zugeschriebene Funktion, für weiterhin natur- und technikwissenschaftlich getriebene Hightechprogramme und Infrastrukturvorhaben „soziale Akzeptanz" zu beschaffen, eine Statisten- und Nebenrolle, die eindeutig zu klein ist.

Beobachtbar ist, beispielhaft in der Energiewende, eine zunehmende Heranziehung sozialwissenschaftlicher Begleitprogramme, die weniger Akzeptanz beschaffen sollen als die Reflexivität erhöhen. Dabei wächst die Angst der klassischen Geisteswissenschaften, als reine Hilfswissenschaften in Abhängigkeit zu geraten. Das Gegenteil könnte der Fall sein. Da viele herkömmliche Großprojekte mit ihrem Latein am Ende sind, liegt in der engeren Verbindung mit den Natur- und Technikwissenschaften ein hohes Erkenntnis- und Entwicklungspotenzial für diese Fächer, die auf Kernfragen menschlicher Existenz und kulturellen Wandels zurückführen. Insofern verlieren die *Humanities* keineswegs an Autonomie, wenn sie technische und natürliche Entwicklungen im Erdsystem reflektieren.

Als Schlüsseldisziplin kann man erneut die Geografie identifizieren, die in der Tradition Alexander von Humboldts auf exemplarische Weise physikalische und kulturelle Faktoren des Erdsystems inkludiert und manche Aspekte heutiger Akteur-Netzwerk-Theorien antizipiert. Eine enge Verbindung besteht hier zur Soziologie der Räume, zur Stadt- und Raumplanung wie zur Architektur. Über die Bedeutung der Geschichtswissenschaft habe ich schon gesprochen, in der die Umweltgeschichte einige spezialisierte Vereinigungen wie ASEH und ESEH hervorgebracht hat, aber in den Universitäten meist noch ein Schattendasein in der Technik- und Wirtschaftsgeschichte führt. Vorbildlich waren Studien wie David Blackbourns (2006) über Meliorationen deutscher Landschaften seit dem 18. Jahrhundert oder Geoffrey Parkers (2013) Globalgeschichte des Jahres 1641 und seiner Folgen oder Wolfgang Behringers Kulturgeschichte des Klimas (2007), die klimadeterministische Vorstellungen überwunden und umfassende Einsichten in die soziale und politische Regulierung der Umwelt erlaubt haben. Ähnliches leistet für ältere Perioden die Archäologie.

Den „kulturellen" Blick auf Naturphänomene in ihrer symbolisch-faktischen Bedeutung richtet die Ethnographie bzw. Anthropologie, die universale Prozesse wie den Anstieg des Meeresspiegels in einer „multi-sited ethnography of climate worlds" untersuchen kann. „KlimaWelten: Eine globale (Medien)Ethnografie" war der Titel eines Graduiertenkollegs der Universität Bielefeld mit dem Kulturwissenschaftlichen Institut, 2010–2013. Das zeigt, wie identische Risikoexpositionen in Küsten- und Inselregionen sehr unterschiedliche Reaktionsweisen und Resilienzstrategien hervorgebracht haben. Mit diesem „Mikroansatz" können auch die Einflüsse religiöser Weltbilder auf die Perzeption von Global Change-Phänomenen aufgeschlüsselt werden. Es ist schon klar geworden, in welchem Ausmaß philosophische und psychologische Fragestellungen in eine transdisziplinäre Konstellation der *Environmental Humanities* hineingehören, ähnliches gilt für die Rechts-, Politik- und Wirtschaftswissenschaften. Welchen besonderen Beitrag die Literaturwissenschaften leisten können, unterstreicht das Schaubild in Abb. 2, mit dem der IPCC schon vor Jahren die Übersetzung der naturwissenschaftlichen Modellbildung in Szenarien und Narrative angeregt hat.

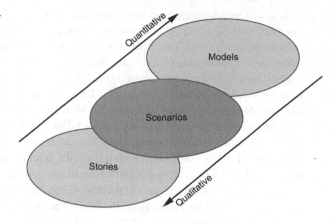

□ Abb. 2 Alternative Szenarienbildung (Nakicenovic und Swart 2000, Box 1-1)

Planetarische Grenzen: Politik unter Zeitdruck

Viele Agenden der Politik, die im Blick auf Demoskopie und permanenten Wahlkampf kurzatmiger wird und oft einem hektischen Präsentismus huldigt, stehen derzeit unter einem zunehmenden Erfüllungs- und Verfallsdruck. Viele politische Themen und Entscheidungen, von der deutschen Agenda 2010 über die in vielen OECD-Ländern verhängte Schuldenbremse bis zu verbindlichen Klimaschutzzielen der EU und den *(Sustainable) Millenium Goals* internationaler Organisationen, tragen nämlich eine Art „Planerfüllungsdatum", sind also mehr oder weniger konkret unter einen Realisierungshorizont in der näheren und ferneren Zukunft gestellt.

- Die *Agenda 2010* war das von Denkfabriken vorbereitete Konzept zur Reform des bundesdeutschen Wohlfahrtsstaates und Arbeitsmarktes, das 2003 vom damaligen Bundeskanzler Gerhard Schröder vorgetragen wurde. Die im Küchenkabinett des Kanzlers gefundene Bezeichnung rekurriert auf dem Beschluss europäischer Staats- und Regierungschefs im Jahr 2000, die Europäische Union bis zum Jahr 2010 im Rahmen der „Lissabonstrategie" zum „wettbewerbsfähigsten und dynamischsten wissensbasierten Wirtschaftsraum der Welt" zu machen. Die Agenda 2010 entnahm daraus mit den „Hartzreformen" und der Nachhaltigkeitsformel in der Rentenversicherung vor allem den Aspekt des Um- und Rückbaus des Sozialstaates.

- *Schuldenbremse* heißt die verfassungsrechtliche Regelung der Föderalismus-Kommission von 2009, beschlossen, um die Staatsverschuldung Deutschlands zu begrenzen, und Bund und Ländern verbindliche Vorgaben zur Reduzierung des Haushaltsdefizits zu machen. Grundsätzlich sind die Haushalte von Bund und Ländern ohne Kredite auszugleichen. Diese Vorgabe orientiert sich am mittelfristigen Ziel des strukturell ausgeglichenen Haushalts aus dem Europäischen Stabilitäts- und Wachstumspakt. Auch hier war der Anstoß ein europäischer: Deutschland lag deutlich über der im Vertrag von Maastricht vorgegebenen Schuldengrenze von 60 Prozent des BIP. Durch die staatliche Schuldenbremse wird die jährliche Nettokreditaufnahme des Bundes ab dem Jahr 2016 zwingend auf maximal 0,35 Prozent des Bruttoinlandsproduktes reduziert, das Verbot der Nettokreditaufnahme der Länder tritt ab dem Jahr 2020 in Kraft.

- Die Energiepolitik der Europäischen Union hat festgelegt, bis 2020 eine Verringerung ihres Treibhausgasausstoßes um 20–30 % (gegenüber dem Basisjahr 1990) erreichen zu wollen, weitere Reduzierungen waren und sind im Gespräch. In der internationalen Klimapolitik tritt die EU für eine Orientierung am 2-Grad-Ziel ein, was laut IPCC für die Industrieländer bis 2020 eine Reduktion bis zu 40 % notwendig machen würde. Bis 2070 sollen die Treibhausgasemissionen auf Null reduziert sein.

- *Die Sustainable Millenium Goals* sind eine Fortschreibung der Millennium-Entwicklungsziele der Vereinten Nationen für das Jahr 2015, die im Jahr 2001 von einer Arbeitsgruppe aus Vertretern der Vereinten Nationen, der Weltbank, des IWF und dem Entwicklungsausschuss der OECD formuliert worden sind. Die acht Ziele sind die Halbierung der globalen Armutsbevölkerung und der Abbau des Hungers, der Sicherstellung der Primärschulbildung, die Geschlechtergleichheit, die Sendung der Kindersterblichkeit um zwei Drittel und die Senkung der Sterblichkeitsrate von Müttern um drei Viertel, eine Trendumkehr bei HIV/Aids und Malaria, eine signifikante Drosselung des Artensterbens und dauerhafter Zugang zu hygienisch einwandfreiem Trinkwasser. Gesteigert durch die Sustainable Development Goals (SDGs) werden Nachhaltigkeit und Entwicklungspartnerschaft die übergeordneten Normen dieses ambitionierten Programms.

Natürlich hat die OECD- und G-20-Welt keine Planwirtschaft bekommen. Die Begründung für die Futurisierung lautet, man wolle Fehlentwicklungen der Vergangenheit korrigieren (konkret auf dem Arbeitsmarkt und in der Haushaltspolitik, aber auch generell die Industrialisierung und das Nord-Süd-Verhältnis) und, eine weitere rhetorische Standardfigur, die Chancen künftiger Generationen wahren. Das kann Freiheitsspielräume verringern, aber auch neue Optionen eröffnen. Im Generationendiskurs galt bisher die Annahme einer stetig, wenn auch durch zyklische Krisen und unvermeidbare Katastrophen unterbrochenen Aufwärtsentwicklung von Wohlstand und Sicherheit und die Regel, den Künftigen durch voreilige Vorsorge keine Optionen zu rauben. Nun herrscht eher die Auffassung, es sei keineswegs sicher, dass die Kinder es einmal besser haben werden als ihre Eltern und Großeltern. Damit kristallisiert sich aus vielen unterschiedlichen Quellen und Motiven eine Politik im Modus von „Futur zwei" heraus. Man prüft aus der Sicht nächster Dekaden, was man getan haben wird oder muss, um heute deklarierte Ziele erreichen zu können (Leggewie und Welzer 2009).

Vergangenheitsbewältigung und Weltabgewandtheit, Präsentismus und politische Theologie als markanten Zeithorizonten war eine bestimmte Ignoranz oder Überhöhung von Zukunft gemeinsam. Vorherrschend ist in der Moderne eine lineare, in die Zukunft offene Zeitauffassung, die das bis dahin gültige zyklische oder zeitindifferente Verständnis abgelöst hat (Koselleck 1979).

Die technisch-wissenschaftliche Zivilisation, die ihren Durchbruch nicht zuletzt dem Chronometer und der Quantifizierung zu verdanken hat, setzte die chronologische „Naturzeit" durch, die unerbittlich voranschreitet und das linear-kontinuierliche Zeitregime in alle Lebensbereiche ausbreitete. Parallel dazu etablierte sich das Bewusstsein der „Geschichtszeit", deren Modi Vergangenheit, Gegenwart und Zukunft sind und die damit der symbolisch-hermeneutischen Auslegung des Zeitablaufs unterliegt, der nicht-linear und in einer bestimmten Weise auch reversibel gedacht wird.

◘ Tab. 1 Empfehlungen des WBGU für die Post-2015-Entwicklungsagenda. Es sollte ein SDG „Sicherung der Erdsystemleistungen" eingerichtet werden, mit sechs Leitplanken als SDG-Targets. (Quelle: WBGU 2014b)

Planetarische Leitplanke	Empfehlung für SDG-Targets	Empfehlungen für globale Institutionen	
Klimawandel auf 2 °C begrenzen	> Die globalen CO_2-Emissionen aus fossilen Quellen sollen bis etwa 2070 vollständig eingestellt werden	> UNFCCC: 2 °C-Grenze ist durch COP-Entscheidungen anerkannt > UNFCCC sollte CO_2-Emissionsminderungen mit nationalen Trajektorien, Targets und Transferleistungen vereinbaren > Targets der Initiative „Sustainable Energy for all" übernehmen	Kein Target vorhanden
Ozeanversauerung auf 0,2 pH Einheiten begrenzen	> Die globalen CO_2-Emissionen aus fossilen Quellen sollen bis etwa 2070 vollständig eingestellt werden. Das Target ist kongruent mit dem Target zum anthropogenen Klimawandel	> Fehlende globale Institution > Versauerungsleitplanke in der UNFCCC anerkennen > UNFCCC sollte CO_2-Emissionsminderungen mit nationalen Trajektorien, Targets und Transferleistungen vereinbaren	Keine oder nur unzureichende globale Institutionen vorhanden
Verlust von biologischer Vielfalt und Ökosystemleistungen stoppen	> Die unmittelbaren anthropogenen Treiber des Verlusts biologischer Vielfalt sollen bis spätestens 2050 zum Stillstand gebracht werden	> Unterstützung der „Aichi-Targets" sowie Umsetzung durch Mitgliedstaaten der CBD > CBD sollte Länderstrategien mit nationalen Trajektorien, Targets und Transferleistungen vereinbaren	Target(s) vorhanden, aber unklar ob ausreichend für Einhaltung der Leitplanke
Land- und Bodendegradation stoppen	> Die Netto-Landdegradation soll bis 2030 weltweit und in allen Ländern gestoppt werden	> Unzureichende Zuständigkeit der UNCCD > UNCCD sollte SDG-Target anerkennen und Länder- strategien mit nationalen Trajektorien, Targets und Transferleistungen vereinbaren > Intergovernmental Panel on Land and Soils einrichten bzw. das FAO ITPS thematisch um Landdegradation erweitern	Keine oder nur unzureichende globale Institutionen vorhanden
Gefährdung durch langlebige anthropogene Schadstoffe begrenzen			
Quecksilber	> Die substituierbare Nutzung sowie die anthropogenen Quecksilberemissionen sollen bis 2050 gestoppt werden	> Quecksilber ist in der Minamata-Konvention geregelt > Falls sie sich zur Umsetzung des Targets als unzureichend erweist, sollte sie verschärft werden, um das Target durch Länderstrategien mit nationalen Trajektorien, Targets und Transferleistungen zu erreichen	Target(s) vorhanden, aber unklar ob ausreichend für Einhaltung der Leitplanke

5

◻ Tab. 1 (Fortsetzung)

Planetarische Leitplanke	Empfehlung für SDG-Targets	Empfehlungen für globale Institutionen	
Plastik	> Die Freisetzung von Plastikabfall in die Umwelt soll bis 2050 weltweit gestoppt werden	> Unzureichende globale und regionale Institutionen > Verschärfung und Verzahnung bestehender Konventionen zum Eintrag von Plastikabfall und zum Schutz der Meere > Falls die Umsetzung des Targets sich als unzureichend erweist, sollte ein spezifisches internationales Instrument eingerichtet werden	Keine oder nur unzureichende globale Institutionen vorhanden
Spaltbares Material	> Die Produktion von Kernbrennstoffen für den Ein- satz in Kernwaffen und für den Einsatz in zivil genutzten Kernreaktoren soll bis 2070 gestoppt werden	> Unzureichende globale Institutionen > Vereinbarung des „Fissile Material Cut-off Treaty" > Internationale Kontrolle von spaltbarem Material und Brennstoffkreislauf durch IAEA	Keine oder nur unzureichende globale Institutionen vorhanden
Verlust von Phosphor stoppen	> Die Freisetzung nicht rückgewinnbaren Phosphors soll bis 2050 gestoppt werden, so dass seine Kreislaufführung weltweit erreicht werden kann	> Fehlende globale Institution > Aufforderung zur Erstellung eines Phosphor-Assessments > Falls die Umsetzung des Targets sich als unzureichend erweist, sollte ein spezifisches internationales Instrument eingerichtet werden	Keine oder nur unzureichende globale Institutionen vorhanden

Damit ist die Moderne von einem Dualismus heterogener, oft widerstreitender Zeitkonzepte geprägt. Kant, Heidegger und Rorty kann man so lesen, dass „die vergegenständlichte Zeit, die wir an unseren Uhren und Kalendern ablesen und die uns wie eine subjektunabhängige Realität entgegentritt, aus der zeitlichen Prozessualität unserer Selbstkonstitution… hervorgeht. (…) Im Regel- und Normalfall laufen wir in eine Zukunft vor, die wir durch unsere konkreten Bedürfnisse und Pläne inhaltlich bestimmen und aus der wir den Letzthorizont des Todes gerade ausklammern" (Sandbothe 1997, S. 52). Hartmut Rosas „Entwurf einer Kritischen Theorie spätmoderner Zeitlichkeit" (2013) knüpft an Heideggers Kritik der objektivierten Zeitmacht an und diagnostiziert, wie die Beschleunigung des Lebenstempos die Zeitsouveränität der Individuen aushöhlt.

Eine bedenkliche Folge der Beschleunigung ist demokratiepolitischer Natur: Aushandlungsprozesse schinden oder „kaufen" in der Regel Zeit, um Interessenkonflikte entschärfen und Kompromisse erreichen zu können (Günther 2007; Reisch und Bietz 2014). Dem laufen finanzwirtschaftliche Prozesse zuwider, die Regierung und Parlament im Krisenfall vor vollendete Tatsachen stellen und Alternativlosigkeit suggerieren. Aber auch der klima- und energiepolitisch begründete Dezisionismus beschleunigten Durchregierens würde die Balance pluralistischer Gesellschaften gefährden, Verlustaversionen und Trotzreaktionen gegen moralisch begründete Freiheitsbeschränkungen sind die Folge. Kompromisse mit ihrem zeitfressenden Konfliktmanagement, die den politisch-sozialen Frieden erhalten sollen, können die politische Stabilität aber auch gefährden. Eine mögliche Konkretisierung des Zukunftsbezugs politischen Handelns ist das Generationenverhältnis, das im Konzept der Nachhaltigkeit seinen Niederschlag gefunden hat (Matthes 1985; Leggewie 1995). Der in der Sozialforschung schwach operationalisierte und trotz der grundlegenden Arbeiten von Karl Mannheim und Joachim Matthes oft zu Unrecht verpönte Begriff führt *Zeitlichkeit* in eine wesentlich räumlich geprägte und auf Gruppen fixierte Sozial- und Kulturwissenschaft ein. Generationen (oder subjektiv konvergierende) Alterskohorten sind keine „Gruppen" auf bestimmten „Gebieten", Generationenverhältnisse sind vielmehr chronologisch gegeneinander versetzte Muster der Weltwahrnehmung, mit denen sich Menschen wechselseitig identifizieren und die Gleichzeitigkeit ihrer Andersartigkeit (oder in diesem Sinne: Ungleichzeitigkeit) verhandelbar machen. In Generationen organisiert sich die vielschichtige Zeitlichkeitsstruktur moderner Gesellschaften. Diese Struktur wird im innerfamilialen Verhältnis von Eltern zu Kindern nur nicht schwach abgebildet, die „kulturellen Implikationen der lebenszeitlichen Anständigkeit von Menschen" (Matthes 1985, S. 369) sind im Familienverband eben nicht mehr lösbar. Die Frage lautet also: Wie könnte eine transgenerationelle Übergabe und Nachhaltigkeit aussehen, die schonender abläuft sowohl für die Freiheit der Heutigen als auch für die Chancen der Künftigen?

Bürger als MitforscherInnen: Citizen Science?

Ebenso schwer wie die *inter*disziplinäre Öffnung fällt es den modernen Wissenschaften, sich *trans*disziplinär zu öffnen. Das bedeutete: Laien als Mitforscher anzuerkennen und ihnen zu gestatten, die großen Linien der Forschung mitzubestimmen und ebenso am Erkenntnisprozess mitzuwirken. Etablierte Forschung sieht dadurch den Autonomieanspruch des Wissenschaftssystems strapaziert, als ob der Schulterschluss des Wissenschaftssystems mit Unternehmen und politischen Akteuren vor allem in der anwendungsorientierten Forschung nie vorhanden gewesen wäre. Für die Leugnung der Schädlichkeit des Rauchens und die imminente Gefahr des Klimawandels haben die Lobbyisten des Status quo und Händler des Zweifels mittlerweile Milliarden Dollar ausgegeben, für diese Manipulation gibt es handfeste Beweise. Aber immer noch wird die Autonomie der Wissenschaft bemüht, um Ansprüche auf eine der demokratischen Gesellschaft angemessene Partizipation der Bürgerschaft abzuwehren.

Gemeint ist mit einer Demokratisierung der Forschung natürlich nicht die Bewertung wissenschaftlicher Hypothesen nach demoskopischen Mehrheiten oder die Wahl der Instituts- und Akademieleitungen durch das Volk. Angemessen sind aber eine vernünftige und diskursiv begründete Einbeziehung jener, meist lokalen Wissensbestände in den Forschungsprozess und eine durch informierte Volksvertretungen Mitbestimmung an den Rahmenbedingungen von Forschung. Polemisch wurden die Gralshüter des Betriebs, das sind Akademien und Forschungsgemeinschaften, als wir die Forderung erhoben, angesichts akuter Probleme auch die Bürgergesellschaft in die Beratung der Zielsetzungen von Forschung und der Verteilung der zur Verfügung gestellten Milliarden einzubeziehen. Es schrillten die Alarmglocken wie einst beim „Bund Freiheit der Wissenschaft", als 2012 die „Zivilgesellschaftliche Plattform Forschungs-Wende" aus Umweltverbänden, Kirchen, Gewerkschaften, Verbraucherschützern und entwicklungspolitischen Organisationen eine Demokratisierung der Wissenschaftspolitik fordern, die über die sehr vermittelte parlamentarische Legitimation des Forschungsbudgets hinausreicht. Reinhold Leinfelder, 2008 als Direktor des Naturkundemuseums in Berlin in den WBGU berufen, sieht in den Bürgerinnen und Bürgern Mitforschende, die nur nicht der etablierten Forschung neue Akzente geben können, sondern selbst Forschungsergebnisse beisteuern. Sein Beispiel war der regelmäßige Zustands-Check der Korallenriffe. Auch Uwe Schneidewind, 2012 in den Beirat berufen, plädiert für das „Co-Design", die gemeinsame Definition von Forschungsfragen und Perspektiven mit der Zivilgesellschaft und die „Co-Production", die gemeinsame Wissensproduktion mit gesellschaftlichen Akteuren.

Man kann verstehen, wenn Wissenschaftsorganisationen, darunter die Akademien und die Deutsche Forschungsgemeinschaft, erschauern; sie wähnen mit all dem Dilettanten und Interessenvertreter auf dem Vormarsch. Das Manko der „transformativen Forschung", wie sie auch der WBGU vorschlägt, besteht in der mangelnden Konkretisierung, wie eine solche Co-Produktion institutionell vonstattengehen soll. Doch wenn die Etablierten dann den Vorschlaghammer herausholen und den Verdacht totalitärer Gängelung der freien Wissenschaft in den Raum stellen (obwohl wir gerade mehr Partizipation gefordert haben...), lenken sie vom massiven Einfluss der Technologieproduzenten ab und ignorieren, wie sie mangels innerer Pluralität versagt haben: Die Wirtschaftswissenschaft hat eine desaströse Krise herbeigeführt, die Technikwissenschaft keine Rücksicht auf planetarische Grenzen genommen. Sowohl bei der Folgenabschätzung wie bei der Umwidmung von Mitteln muss daher die Öffentlichkeit weit stärker einbezogen werden als bisher. Zu unterscheiden von dieser politischen Dimension ist ein parteipolitisches Engagement von Wissenschaftlern, zu dem sie natürlich genauso berechtigt sind wie alle anderen Bürger. Und es wäre eine Illusion anzunehmen, man könne den Kopf des Wissenschaftlers im politischen Engagement ausschalten.

Literatur

Barnosky A (2011) Has the Earth's sixth mass extinction already arrived? Nature 471:51–57. doi:10.1038/nature09678

Barnosky A et al (2014a) Introducing the Scientific Consensus on Maintaining Humanity's Life Support Systems in the 21st Century: Information for Policy Makers. The Anthropoc Rev 1:78–109

Barnosky A et al (2014b) Translating Science for decision makers to help navigate the Anthropocene. The Anthropoc Rev 1:160–170

Behringer W (2007) Kulturgeschichte des Klimas: von der Eiszeit bis zur globalen Erwärmung. Beck, München

Biermann F (2014) The Anthropocene. A governance perspective. The Anthropoc Rev 1:57–61

Blackbourn D (2006) The Conquest of Nature: Water, Landscape, and the Making of Modern Germany. W. W. Norton & Company, New York (deutsch: Die Eroberung der Natur. Eine Geschichte der deutschen Landschaft. Deutsche Verlagsanstalt, München, 2007)

Carson R (1962) Silent Spring. Houghton Mifflin, New York

Crutzen P (2011) Die Geologie der Menschheit. In: Crutzen P, Davis M, Mastrandrea M, Schneider S, Sloterdijk P (Hrsg) Das Raumschiff Erde hat keinen Notausgang. Suhrkamp, Frankfurt/Main, S 7–10

Crutzen P, Stoermer F (2000) The „Anthropocene". IGBP Newsletter 41:17–18 (http://www.igbp.net/download/18. 316f18321323470177580001401/NL41.pdf)

Descola P (2005) Par-delà nature et culture. Gallimard, Paris (deutsch: Jenseits von Natur und Kultur. Suhrkamp, Berlin 2011)

Ehrlich P (1968) Population Bomb. Ballantine Books, New York

Foucault M (1966) Les mots et les choses. Gallimard, Paris

Foucault M (1969) L'archéologie du savoir. Gallimard, Paris

Frisch M (1998 [1979]) Der Mensch erscheint im Holozän. Eine Erzählung. In: Frisch M, Gesammelte Werke Band 7 (1976–1985) Suhrkamp, Frankfurt/Main, S 205–300

Günther K (2007) Politik des Kompromisses: Dissensmanagement in pluralistischen Demokratien. Verlag für Sozialwissenschaften, Wiesbaden

Hardin G (1968) Tragedy of the Commons. Science 162(3859):1243–1248

Kareiva P, Marvier M (2012) What is Conservation Science? BioSci 62:962–969

Koselleck R (1979) „Erfahrungsraum" und „Erwartungshorizont" – zwei historische Kategorien. In: Koselleck R, Vergangene Zukunft. Zur Semantik geschichtlicher Zeiten. Suhrkamp, Frankfurt/Main, S 349–375

Leggewie C (1995) 89er. Porträt einer Generation. Hoffmann u. Campe, Hamburg

Leggewie C, Welzer H (2009) Das Ende der Welt, wie wir sie kannten. S. Fischer, Frankfurt/Main

Leopold A (1949) Sand County Almanac. Oxford University Press, New York, London

Malm A, Hornberg A (2014) The geology of mankind? A critique of the Anthropocene narrative. The Anthropoc Rev 1:62–69

Manemann J (2014) Kritik des Anthropozäns. Plädoyer für eine neue Humanökologie. Transcript Verlag, Bielefeld

Matthes J (1985) Karl Mannheims „Das Problem der Generationen", neu gelesen. Generationen-„Gruppen" oder „gesellschaftliche Regelung von Zeitlichkeit". Z für Soziol 14(5):363–372

Mauelshagen F (2012) ‚Anthropozän'. Plädoyer für eine Klimageschichte des 19. und 20. Jahrhunderts. Zeithist Forsch 9:131–137 (http://www.zeithistorische-forschungen.de/1-2012/id=4596)

Mauelshagen F (2013) Ungewissheit in der Soziosphäre: Risiko und Versicherung im Klimawandel. In: von Detten R, Faber F, Bemmann M (Hrsg) Unberechenbare Umwelt. Springer, Wiesbaden, S 253–269

Meadows D (1972) The Limits to Growth. A report for the Club of Rome's project on the predicament of mankind, Universe Books (deutsch: Die Grenzen des Wachstums. Bericht des Club of Rome zur Lage der Menschheit. Deutsche Verlags-Anstalt, Stuttgart)

Nakicenovic N, Swart R (2000) Emissions Scenarios IPCC Report. Cambridge University Press, Cambridge (http://www.ipcc.ch/ipccreports/sres/emission/images/1-1.gif)

Parker G (2013) Global Crisis: war, climate change and catastrophe in the seventeenth century. Yale University Press, New Haven

Reisch L, Bietz S (2014) Zeit für Nachhaltigkeit – Zeiten der Transformation: Elemente einer Zeitpolitik für die gesellschaftliche Transformation zu nachhaltigeren Lebensstilen. oekom Verlag, München

Rockström J et al (2009) A Safe Operating Space fir Humanity. Nature 461:472–475. doi:10.1038/461472a

Rosa H (2013) Beschleunigung und Entfremdung. Entwurf einer Kritischen Theorie spätmoderner Zeitlichkeit. Suhrkamp Verlag, Berlin

Sandbothe M (1997) Die Verzeitlichung der Zeit in der modernen Philosophie. In: Gimmler A (Hrsg) Die Wiederentdeckung der Zeit. Reflexionen-Analysen-Konzepte. Primus Verlag, Darmstadt, S 41–61

Schwägerl C (2010) Menschenzeit. Zerstören oder gestalten? Die entscheidende Epoche unseres Planeten. Riemann, München

Soulé M (1985) What is Conservation Biology? BioScience 35(11):727–734 (The Biological Diversity Crisis)

Soulé M (2013) The ‚New Coonservation'. Conserv Biol 27:895–897

Stuart Chapin F III et al (2000) Consequences of changing biodiversity. Nature 405:234–242. doi:10.1038/35012241

von Tilzer M (2009) The fifth element: On the emergence and proliferation of life on earth. Nova Acta Leopoldina NF 98(360):79–108

Vermeer J (2003) Der Geograph. Die Wissenschaft der Malerei, Ausstellungskatalog bearbeitet von Thorsten Smidt. Aufl. Monographische Reihe, Bd. 10. Staatliche Museen, Kassel

WBGU (2009) Kassensturz für den Weltklimavertrag – Der Budgetansatz. Sondergutachten. Berlin, WBGU. http://www.wbgu.de/sondergutachten/sg-2009-budgetansatz/

WBGU (2014a) Klimaschutz als Weltbürgerbewegung. Sondergutachten. Berlin, WBGU. http://www.wbgu.de/sondergutachten/sg-2014-klimaschutz/

WBGU (2014b) Zivilisatorischer Fortschritt innerhalb planetarischer Leitplanken – Ein Beitrag zur SDG-Debatte. Berlin 2014 (Politikpapier 8)

Wuerthner G, Crist E, Butler T (Hrsg) (2014) Keeping the Wild. Against the Domestication of Earth. Island Press, Washington

Zalasiewicz J (2009) Die Erde nach uns: Der Mensch als Fossil der fernen Zukunft. Spektrum Akademischer Verlag, Heidelberg

Zalasiewicz J et al (2008) Are we now living in the Anthropocene? GSA Today 18(2):4–8 (A.1 bzw. http://www.geosociety.org/gsatoday/archive/18/2/pdf/i1052-5173-18-2-4.pdf) doi:10.1130/GSAT01802

Serviceteil

Sachverzeichnis

Printed in the United States
By Bookmasters